中小企业网络管理员工作实践

网络命令与运维工具卷

黄治国
李　颖
编著

中国铁道出版社有限公司
CHINA RAILWAY PUBLISHING HOUSE CO., LTD.

内 容 简 介

本书从中小企业网络管理员的角度出发，介绍了局域网中常见的测试、监控、管理和维护工具，这些工具既包含简单的命令行，也包含相对复杂的应用软件；并以实践案例为导向，详细讲解各种网络管理和运维工具的使用方法，以保障网络的高效运行。

本书内容丰富全面，图文并茂，深入浅出，既可作为即查即用的网络管理工具手册，也可作为了解网络管理的参考书目。旨在帮助中小型企业中的网络管理人员从命令行和工具层面系统了解网络管理的理念与实践技巧，还可作为计算机相关专业的大中专院校或计算机培训学校的教材。

图书在版编目（CIP）数据

中小企业网络管理员工作实践. 网络命令与运维工具卷/黄治国，李颖编著. —北京：中国铁道出版社有限公司，2020.6（2023.5重印）

ISBN 978-7-113-26677-6

Ⅰ.①中… Ⅱ.①黄… ②李… Ⅲ.①中小企业-计算机网络管理②计算机网络管理-命令系统③计算机网络管理-软件工具 Ⅳ.①TP393.18

中国版本图书馆CIP数据核字（2020）第032413号

书　　名：中小企业网络管理员工作实践：网络命令与运维工具卷
　　　　　ZHONGXIAO QIYE WANGLUO GUANLIYUAN GONGZUO SHIJIAN : WANGLUO MINGLING YU YUNWEI GONGJU JUAN
作　　者：黄治国　李　颖

责任编辑：荆　波　　编辑部电话：（010）63549480　　邮箱：the-tradeoff@qq.com
封面设计：MXK DESIGN STUDIO
责任印制：赵星辰

出版发行：中国铁道出版社有限公司（100054，北京市西城区右安门西街8号）
印　　刷：三河市航远印刷有限公司
版　　次：2020年6月第1版　2023年5月第3次印刷
开　　本：787 mm×1 092 mm　1/16　印张：21　字数：510千
书　　号：ISBN 978-7-113-26677-6
定　　价：59.80元

工欲善其事，必先利其器。网络管理员管理网络时不能赤手空拳，只有借助得心应手的工具，才能真正了解网络的运行状态，洞悉可能的故障隐患，发现潜在的安全漏洞，判断问题的发生原因，防患于未然。

本书精心挑选了一些在网络管理中经常使用的工具软件，详细介绍其功能、特点、应用场景和使用方法，从而给网络管理员一双洞察网络的明亮慧眼，一双高效解决故障的灵巧双手，使他们可以及时解决网络故障，有效降低网络管理难度，大幅度提升网络性能和稳定性。通过学习这些工具的使用技巧，读者也能够迅速成长为一名合格的、成熟的网络管理员。

■ 本书内容

为了帮助读者快速、扎实地掌握网络管理工具，本书从中小企业网络管理员的角度出发，介绍了局域网中常见的测试、监控、管理和维护工具，并以案例为导向，详细讲解各种网络管理工具的使用方法，如网络物理链路测试工具、IP/MAC 地址管理工具、IP 链路测试工具、网络搜索和协议分析工具、网络性能和带宽测试工具、网络流量监控和分析工具、服务器监控和管理工具、网络安全测试工具、远程控制和监视工具、网络数据备份和恢复工具等。

■ 读者对象

本书内容丰富全面，图文并茂，深入浅出，既可作为即查即用的网络管理工具手册，也可作为了解网络管理的参考书目。旨在帮助中小型企业中的网络管理人员从命令行和工具层面系统了解网络管理的理念与实践技巧，还可作为计算机相关专业的大中专院校或计算机培训学校的教学参考用书。

■ 本书特色

本书主要有以下几个特点。

（1）内容全面、重点突出、图文并茂

本书涵盖了日常网络管理工作中的绝大部分应用场景，并对关键故障作了重点描述。本书采用图文并茂的方式，文字讲解紧密贴合图片呈现，即使对于难以理解的操作，也能按图索骥，顺利掌握。

（2）案例独具匠心，具有高度的启发性和可扩展性

本书选取了具有代表性的网络故障作为案例，详细讲解了使用各种网络工具的方法，使读者带着目的去学习，对相似的故障力争做到举一反三，最终掌握应对各类网络故障的思路和方法。

（3）扫码看视频

笔者精心筛选书中的重点和难点，在相应的章节中添加了教学视频二维码，读者可根据需求，扫码看相应的视频，实现在线学习和知识补充。

（4）PPT 讲义

为了帮助读者尽快理清本书的知识脉络，笔者特别制作了 PPT 讲义，通过 PPT 讲义了解每章的重点和难点；同时也能有效提升教学场景中的学习效率。

■ 超值扫码下载包

为了方便不同网络环境的读者学习，笔者特地为本书制作了超值资源下载包，下载包中包含如下内容：

（1）理清全书讲解脉络的 PPT 讲义；

（2）嵌入书中的 18 段扫码视频；

（3）10 段网络管理工具使用视频。

读者可通过封底二维码或下载地址获取使用。

■ 作者团队

除封面署名作者外，陈玉琪、陈志凯、刘术、黄兰娟、刘静、黄丽平、李桂生、向金华、苏风华、许文胜、许昌胜、谭成德、唐小红、魏兆丰、苏晨光、周晓峰、李雅、黄丽娟、吴红利等人对本书的内容写作提供了帮助，在此表示感谢；除此之外，由于笔者水平有限，书中难免存在疏漏与不妥之处，欢迎广大读者不吝指正。

■ 版权声明

本书及下载包中所采用的照片、图片、模型、赠品等素材，均为其相关的个人、公司、网站所有，本书引用仅为说明（教学）之用，读者不可将相关内容用于其他商业用途或进行网络传播。

黄治国

2022 年 5 月

CONTENTS　　　　　　　　　　　　　　　　　　　　　　目　录

第 3 章 IP 链路测试工具

第 4 章　网络搜索和协议分析工具

第 8 章　网络安全测试工具

第 9 章　远程控制和监视工具

第 11 章　网络故障排除实践

第 1 章

网络物理链路测试工具

物理链路由双绞线、光纤等传输介质，以及其他布线系统构成。如果把数据比喻为货物，网络设备比喻为汽车，那么传输介质就是道路。毫无疑问，路况将直接影响汽车的最高速度。物理链路的质量也将直接影响到网络的运行。因此，链路连通性和性能测试工具就成为网络管理员诊断网络故障不可或缺的工具。

本章从简易网线测试仪入手，介绍常用的测试网络物理链路连通性测试工具，如网络测试仪器 Fluke MicroScanner 2 等，以及网络链路性能测试工具，如 Fluke DTX 等。

1.1　链路连通性测试工具

网络物理链路连通性故障在网络组建初期、网络拓扑结构调整之后，以及网络运行 3 ～ 5 年后都有可能会大量发生。通常情况下，对于网络连接故障往往只需要简单地做一下网络布线的连通性测试，即可定位故障点，找出故障原因，从而迅速隔离和排除故障。

1.1.1　简易网线测试仪

如果没有资金购买 NetTool 等专业网线测试工具，也可以购买价格便宜的网线测试仪，如"能手"网络电缆测试仪，如图 1-1 所示。虽然功能简单，但是价格非常便宜，而且完全能够满足网线的连通性测试需求。

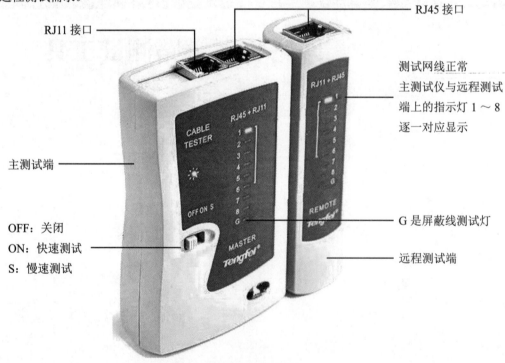

图 1-1　简易网线测试仪

正常情况下，将网线两端的水晶头分别插入主测试端和远程测试端的 RJ45 端口，将开关调至 ON（S 为慢速测试挡），主测试仪指示灯从 1 至 8 依次闪亮，如图 1-2 所示。

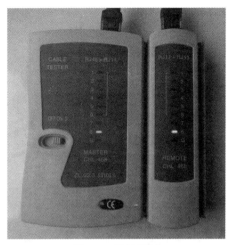

图 1-2　开始测试

【实验 1-1】使用简易网线测试仪排除双绞线链路短路故障

故障现象：局域网某用户反映突然上不了网，网络管理员携带笔记本电脑前去测试，发现自己的笔记本电脑也无法连接。

检修思路：将网线的水晶头插入简易网线测试仪的主测试仪端口，将开关调至 ON，发现 8 个灯都不亮，说明网线断了。重新布上一条网线后，故障排除。

故障分析：

若连接不正常，按下述情况显示：

- 当有一根导线断路时，则主测试仪端和远程测试端对应线号的灯都不亮；
- 当有几根导线断路时，则相对应的几根线的灯不亮；当导线少于 2 根连通时，灯都不亮；
- 当两头网线乱序时，与主测试仪端连通的远程测试端的线号灯亮，如图 1-3 所示；

图 1-3　网线乱序测试

- 当导线有 2 根短路时，则主测试仪端显示不变，而远程测试端显示短路的两根线灯都亮。若有 3 根以上（含 3 根）短路时，则所有短路的线号的灯都不亮。

提示：除了测试网线外，还可以测试电话线，如图 1-4 所示。开机后把电话线的两头插入 RJ11 接口，6P4C 的水晶头只亮 2、3、4、5 号数字，6P2C 的水晶头只亮 3、4 号数字。如果哪一条不通，则对应的数字不亮。如果两边顺序不对应，说明接线错误，检查一下水晶头，把错误的重做即可。

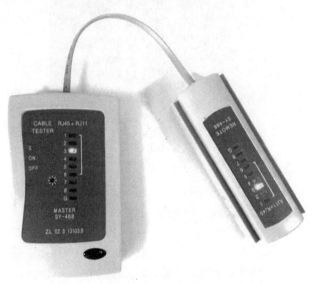

图 1-4　测试电话线

1.1.2　寻线仪

寻线仪就是用来找线的仪器，可以在一大堆网线中找到对应的那根，可以为人们节约许多时间，也使寻线工作变得简单快捷。寻线仪通常由发射器和接收器两部分组成，如图 1-5 所示。

图 1-5　寻线仪

寻线仪除了寻线功能外，还具有对线检测功能，其结构如图 1-6 所示。对线检测功能就是对网线的开路、短路、错对、反接的物理连接进行检测。

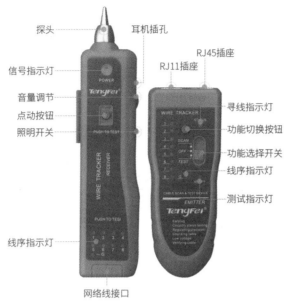

图 1-6　寻线仪结构

【实验 1-2】使用寻线仪查找网线

故障现象： 局域网某用户发现网卡打"×"，显示未连接，无法上网。网络管理员发现交换机处网线杂乱，找不到相应的网线，并且多根网线没有插入交换机端口中。

检修思路： 为了避免后期维护管理困难，网络管理员决定采用寻线仪重新查找网线并标识，然后将网线插入交换机端口中，故障排除。

即扫即看

检修过程：

使用寻线仪找网线的操作如下：

（1）将待测网线的一端插入发射器的 RJ45 端口中，并将发射器的功能选择开关调到 SCAN（寻线）处，发射器的寻线指示灯变亮。

（2）打开接收器的电源开关，将接收器右边开关调整到最大音量，手持接收器并按住接收器的"点动按钮"键，如图 1-7 所示。

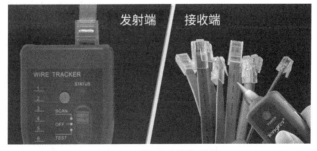

图 1-7　使用寻线仪寻线

（3）在待测网线的另一端进行探测，通过比较接收器发出声音的大小，靠近探头时声音最大的一根线缆就是要找的线缆，同时信号指示灯最亮。

提示：除了寻找网线外，还可以寻找电话线，其方法与寻找网线相似，把电话线接口插到 RJ11 接口即可。

前面讲到，寻线仪还可以进行对线检测，我们来看一下这个功能的实现。

使用寻线仪对线的操作如下：

（1）将待测网线两端的 RJ-45 接口分别插入发射器和接收器的相应接口，如图 1-8 所示。

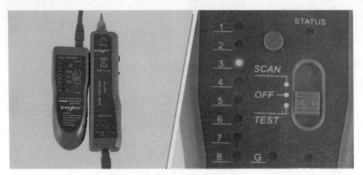

图 1-8　使用寻线仪对线

（2）将发射器的功能选择开关调到"Test"键，线序指示灯闪亮，表示发射器正常工作。

（3）如果连接正确，寻线仪两边指示灯，1～8 依次亮灯（8 芯网线情况下）；测试屏蔽网线时 G 灯亮。反接时，根据 18 个线序指示灯判断，和简易网线测试仪的判断方法一致。

提示：除了对网线进行对线检测外，还可以对电话线进行对线检测，其方法与对网线进行对线检测相似，把电话线接口插到 RJ11 接口即可。

1.1.3　网络测试仪

对于小型网络或者对传输速率要求不高的网络而言，只需简单地做一下网络布线的连通性测试即可。作为集多种测试功能于一身的网络测试仪器，Fluke MicroScanner[2]（如图 1-9 所示）是专为防止和解决电缆安装问题而设计的，使用线序适配器可以迅速检验 4 对线的连通性，以确认被测电缆的线序正确与否，并识别开路、短路、跨接、串绕或任何错误连线，迅速定位故障，从而确保基本的连通性和端接的正确性。

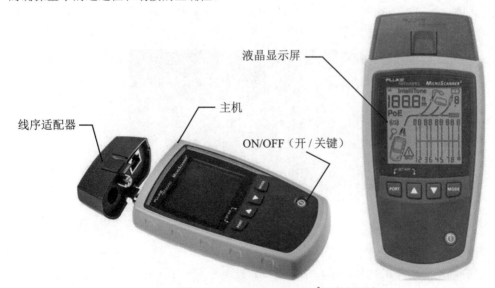

图 1-9　Fluke MicroScanner[2] 网络测试仪

1．连通性测试

下面我们通过一个实验来演示一下如何使用网络测试仪测试跳线的连通性。

【实验 1-3】 使 Fluke MicroScanner [2] 网络测试仪测试跳线连通性

故障现象： 某天接到一个用户的电话，告知计算机突然无法连接到局域网。试着 Ping 了一下该用户，测试结果为连接超时，看来网络链接可能发生了问题。

检修过程： 到故障用户计算机处查看局域网连接情况，没有发现异常。查看 IP 地址信息设置，也没有问题。从网卡上拔下跳线插入 Fluke MicroScanner [2] 网络测试仪 RJ-45 端口，然后将配线间相应端口的跳线从交换机上拔下插到网络测试仪，测试"跳线 - 配线架 - 水平布线 - 信息插座 - 跳线"整个链路的连通性。测试结果为 1、2、4、5、7、8 线通，3、6 线断路。分别测试两端的跳线时，发现信息插座到计算机的跳线有问题，将跳线两端水晶头剪掉，重新制作跳线，并用网线测试仪测试无误后，连接信息插座与计算机，网络连接恢复正常。

测试跳线连通性的具体操作如下：

将需要测试双绞线的一端插入 MicroScanner [2] 上的 RJ11/45 端口，另一端插入线序适配器端口。按下 ON/OFF 按钮，打开电源开关。按 MODE 按钮，直至液晶显示屏上显示测试活动指示符。此时将显示测试结果。测试结果均以数字表示，上面一行数字显示的是线序适配器一端插头处检测到的线路，下面一行显示的则是主机一端的实际接线情况。

（1）链路连接正确

图 1-10 所示为连接正常、完全没有故障的实例，并显示链路长度为 55.4 m。

（2）链路存在断开

图 1-11 所示为第 4 根线上存在开路。电缆长度为 75.4 m。开路中 3 个表示线对长度的线段说明开路大致位于距离线序适配器端的 3/4 处。若想查看至开路处的距离，可以使用△ / ▽键查看线对的单独结果。

图 1-10　正常连通显示

图 1-11　链路存在断开

注意： 如果线对中只有一根线开路并且未连接线序适配器或远程 ID 定位器，线对中的两根线均显示为开路；如果线对中的两根线均开路，警告图标不显示，因为线对开路对某些布线应用属于正常现象。

（3）链路存在短路

图 1-12 所示为第 5 根和第 6 根线之间存在短路，短路的接线会闪烁来表示故障，电缆长度为 75.4 m。

注意： 当存在短路时，远端适配器和未短路接线的线序不显示。

（4）线路跨接

图 1-13 所示为第 3 根和第 4 根线跨接，线位号会闪烁来表示故障。电缆长度为 53.9 m，电缆为屏蔽双绞线。

图 1-12 链路存在短路

图 1-13 线路跨接

（5）线对跨接

图 1-14 所示为线对 1、2 和 3、6 跨接，线位号会闪烁来表示故障。这可能是由于接错 586A 和 586B 电缆引起的。当然，也可能是专门制作的用于交换机之间连接的交叉线，电缆长度为 32.0 m。

图 1-14 线对跨接

（6）串绕

图 1-15 所示为线对 3、6 和 4、5 存在串绕，串绕的线对会闪烁来表示故障，电缆长度为 75.4 m。在串绕的线对中，端到端的连通性正确，但是所连接的线来自不同线对，如图 1-16 所示。线对串绕会导致串扰过大，因而干扰网络运行。

图 1-15 串绕

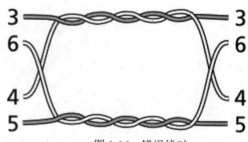

图 1-16 错误线对

注意：如电话线之类的非双绞线电缆，由于串扰过大，通常会显示为串绕。

2．水平布线测试

测试水平布线——配线架至信息插座的连通性时，必须借助于线序适配器才能完成链路测试。

（1）先制作两根跳线，并确认该跳线的连通性完好。

（2）使用一根跳线连接配线架欲测试端口和 MicroScanner^2 的 RJ-45 端口，如图 1-17 所示。

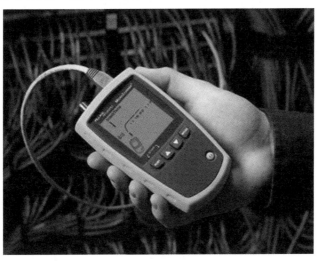

图 1-17　连接至配线架

（3）使用另一根跳线连接信息插座相应的端口（与该配线架端口相对应），测试水平布线的示意图，如图 1-18 所示。

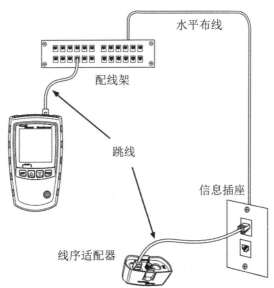

图 1-18　链路测试连接方式

（4）接下来的测试过程与跳线连通性测试相同，在此不再重复赘述。

注意：两个人使用无线对讲机在水平布线的两端协同工作，可大大提高布线测试工作的效率。

接下来，我们聊聊测试整体链路。

与测试跳线不同，由于整体链路两端相距较远，不可能同时插入 MicroScanner^2 的两个端口测试，所以必须借助于适配器才能完成测试。

（1）首先将连接计算机和信息插座的跳线从网卡中拔出，插入 MicroScanner^2 的 RJ-45 端口。

（2）将连接配线架和集线设备的跳线从交换机中拔出，插入 MicroScanner^2 的线序适配器。

（3）接下来的测试过程与跳线连通性测试相同，在此不再重复赘述。

3. 测试以太网端口

测试仪能检测现用以太网端口（如图 1-19 所示）和非现用以太网端口（如图 1-20 所示）。

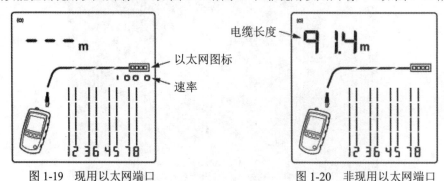

图 1-19　现用以太网端口　　　　图 1-20　非现用以太网端口

提示：端口速率可以为 10Mbit/s、100Mbit/s 或 1000Mbit/s。如果端口支持多个速率，数字会在各个速率之间循环变换。如果测试仪无法测量长度，则显示短画线。当端口不能产生反射时，会出现这种情况。如果端口的阻抗发生波动或者不同于电缆的阻抗，长度可能会发生不断变化或者明显过高。若有疑问，请将电缆从端口断开，以进行准确的长度测量。

4. 查看单独结果

要查看每个线对的单独结果，可用△或▽键在屏幕之间移动。在此模式下，测试仪仅连续测试用户正在查看的线对。

图 1-21 所示为线对 1、2 在 29.8 m 处存在短路。

图 1-22 所示为线对 3、6 的测试情况，其长度为 67.7 m，并以线序适配器端接入。

图 1-21　线对 1、2 短路　　　　图 1-22　线对 3、6 的长度

注意：在单独结果屏幕上，只显示某个线对中接线之间的短路，当存在短路时，远端适配器和未短路接线的线序不显示。

图 1-23 所示为线对 4、5 在 48.1m 处存在开路。开路可能是一根或两根接线。

图 1-23 线对 4、5 开路

5. 测量双绞线长度

测试仪使用一个 NVP 值（名义传播速率）和通过电缆的信号延时来计算长度。测试仪默认 NVP 值的准确度通常足以验证长度，但还是可以通过将 NVP 值调整到指定或实际值来提高长度测量的准确度。默认 NVP 值对双绞线电缆为 70%。

注意：电缆类型、批次和制造商不同，NVP 值也不同。在多数情况下，这些差别较小，可以忽略不计。

（1）将 NVP 设为指定值

要输入由制造商指定的 NVP 值，具体步骤如下：

① 在启动测试仪时，按 PORT 和 △ 键。

② 用 △ 和 ▽ 键来设置 NVP 值。

③ 保存设置值并退出 NVP 模式，并将测试仪关闭，然后重新启动。

（2）测定电缆的实际 NVP

可以通过将测得的长度调整到电缆的已知长度来测定电缆的实际 NVP 值。要测定电缆的 NVP，具体步骤如下：

① 在启动测试仪时，按按 PORT 和 △ 键。

② 将已知长度的待测电缆连接到测试仪的双绞线。

注意：电缆长度必须不小于 15 m（49 ft）。如果电缆过短，则会出现"---"来表示长度。为了获得更高的准确度，使用的电缆长度应在 15 m（49 ft）和 30 m（98 ft）之间。电缆不可连接任何设备。

③ 要在米和英尺之间切换，按 PORT 键。

④ 使用 △ 和 ▽ 键更改 NVP 值，直到测得的长度与电缆的实际长度相同。

⑤ 保存设置值并退出 NVP 模式，并将测试仪关闭，然后重新启动。

1.1.4 光纤跳线通光笔

故障现象：公司新购置了一台文件服务器，然而，在从文件服务器下载文件时，速度极慢。

故障排除：检查了文件服务器和交换机没有问题，又检查了光纤链路，不超长，只是损耗有点大。在查看连接文件服务器的光纤跳线插头的端面时，发现其中一个的上面有划痕损伤，怀疑是光纤跳线有问题，此时可以使用如下两种方法测试光缆链路的连通性：

（1）将待测试光缆链路两端的光纤跳线分别从光纤配线架和信息插座拔出。使用稳定光源从光纤配线架一端发出光源，查看信息插座一端是否有光线传出。

（2）先分别测试光缆链路两端光纤跳线的连通性，然后使用稳定光源从一端跳线发射光源，从另一端的光纤跳线观察是否有光线传输。

经过检测发现光纤跳线损坏，重新更换了有问题的光纤跳线后，故障得以排除。

【实验1-4】光纤跳线通光笔测试光纤跳线

光纤跳线通光笔的具体操作如下：

准备一支稳定光源，比如光纤跳线通光笔，如图1-24所示。或者作为玩具使用的激光笔。将光纤跳线的两端与所连接的设备断开，然后把一只稳定光源对准光纤一端，如图1-25所示。查看另一端是否有光线出来，如图1-26所示。

提示：如果没有稳定光源，用一个明亮的手电筒也可以，如图1-27所示。光纤本来就是设计用来传导光的，所以不必把光源非常精确地对准线缆。

图1-24　光纤跳线通光笔

图1-25　对准光纤一端

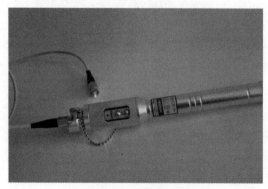

图1-26　检查光纤

图1-27　使用手电筒检查光缆

1.2　网络链路性能测试工具：Fluke DTX 测试仪

对于规范的网络布线系统，应当分别对双绞线布线和光纤布线作性能测试，以保证在连通性完好的同时，能够实现相应布线所能提供的带宽和传输速率。网络链路性能是指布线系统所能提供的带宽和传输速率。通过测试网络链路的性能，网络管理员可以掌握现有带宽是否满足要求，新安装的网络链路是否达到预期的传输性能等等。

Fluke DTX 系列电缆认证分析仪，如图 1-28 所示，是一款既可以测试双绞线的链路性能，又可以测试光缆的链路性能的测试工具，被广泛应用于网络链路性能测试。本节主要 Fluke DTX 系列电缆认证分析仪的具体使用方法。

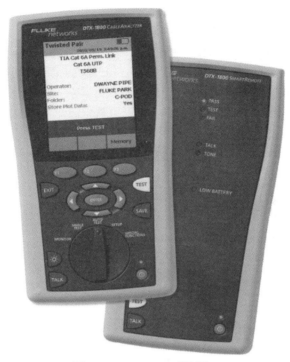

图 1-28　Fluke DTX 测试仪

1.2.1　设置 Fluke DTX 的语言

将主机、辅机分别用变压器充电，直至电池显示灯转为绿色，然后按照如下步骤设置：

（1）将旋钮转至 SETUP 挡位，打开如图 1-29 所示界面。

（2）按"↓"键，选中 Instrument Setting（仪器设置）选项，然后按 Enter 键打开如图 1-30 所示的参数设置界面。

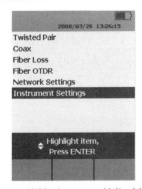

图 1-29　旋转到 SETUP 挡位时的界面

图 1-30　参数设置界面

（3）按"→"键，进入参数设置的第二页；然后按"↓"键，选中 Language English 选项，按 Enter 键车，进入语言选择界面。

（4）按"↓"键，选中 Simplified Chinese（简体中文）选项，按 Enter 键，即可将 Fluke DTX 测试仪的语言更改为中文。

1.2.2　Fluke DTX 测试仪自校准

将 Cat 6/Class E 永久链路适配器装在主机上，辅机装上 Cat 6/Class E 通道适配器；然后将永久链路适配器末端插在 Cat 6/Class E 通道适配器上；打开辅机电源，辅机自检后，Pass 灯亮后熄灭，表明辅机正常（辅机信息只有辅机开机并和主机连接时才显示）。

将旋钮转至 SPECIAL FUNCTIONS 挡位，打开主机电源，将显示主机、辅机软件、硬件和测试标准的版本；自检后打开其操作界面（如图 1-31 所示），选择第一项"设置基准"后，按 Enter 键，进入如图 1-32 所示的界面；按 Test 键开始自校准，当显示"设置基准已完成"（如图 1-33 所示）时说明自校准成功完成。

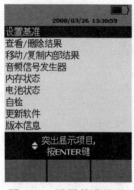

图 1-31　设置基准界面

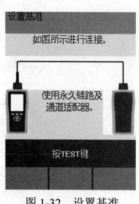

图 1-32　设置基准

图 1-33　设置基准完成

1.2.3　Fluke DTX 参数设置

将旋钮转至 SETUP 挡位，按"↓"键选择第六项"仪器设置值"（如图 1-34 所示），然后按 Enter 键，进入如图 1-35 所示的"仪器设置值"界面（如果设置错误，按 Exit 按钮可返回上一界面）。在此界面中，可以按"←""→"键翻页，按"↑""↓"键选择所需选项。设置完成之后按 Enter 键，完成参数设置。

图 1-34　仪器设置值界面

图 1-35　设置缆线标识友来源

　　仪器设置值分两部分内容：一部分是只有第一次使用 Fluke DTX 测试仪需要设置，以后无须更改参数；另一部分是每次使用 Fluke DTX 测试仪都需要重新设置参数。

　　（1）只有第一次使用需要设置参数（如图 1-36 ～ 图 1-39 所示）；图中的参数含义如表 1-1 所示。

图 1-36　设置操作员及公司

图 1-37　设置日期及单位

图 1-38　设置电源关闭时间

图 1-39　设置是否自动保存

表 1-1　参数的含义

参数	含义
线缆标识码来源	通常使用自动递增，会使电缆标识的最后一个字符在每一次保存测试时递增，一般无须更改
存储绘图数据	包含"是"和"否"两个选项，通常情况下选择"是"
当前资料夹	默认为 DEFAULT，可以按 Enter 键修改为其他名称
结果存放位置	一般使用默认值"内部存储器"；如果有内存卡，也可以按 Enter 键进入，并选择"内存卡"
操作员	默认为 Your Name；按 Enter 键可进入修改，按 F3 键可删除原来的字符，按 "↑""↓""←""→" 键选择所需的字符，最后按 Enter 键确认修改
地点	默认为 Client Name（所测试的地点），可以根据实际情况修改
公司	Your Company Name，使用者所在公司的名称，可根据实际情况修改
语言	默认为 English，可根据实际情况修改
日期	输入当前日期

参数	含 义
时间	输入当前时间
数字模式	默认为"00.0"可根据实际情况修改
长度单位	通常情况下选择"米（m）"，可根据实际情况修改
电源关闭超时	默认为 30 min，可根据实际情况修改
背光超时	默认为 1 min，可根据实际情况修改
可听音	默认为"是"，可根据实际情况修改
电源线频率	默认为"50Hz"，可根据实际情况修改。自动默认为"否"，可根据实际情况修改
绘图网格	默认为"否"，可根据实际情况修改

（2）使用过程中经常需要更改的参数。

具体操作步骤如下：

1）将旋钮转至 SETUP 挡位，按"↓"键，选择"双绞线"选项，如图 1-40 所示。

2）按 Enter 键，进入如图 1-41 所示的双绞线设置界面。

图 1-40　选择"双绞线"选项

图 1-41　设置双绞线

3）系统默认选中了第 1 选项"测试极限值"，此时按 Enter 键即可进入如图 1-42 所示界面。在此界面中，可通过按"↑""↓"键选择与想要测试线缆相匹配的标准。例如要测试六类双绞线，从中选择 TIA Cat 6 Channel，然后按 Enter 键确认返回即可。

4）返回双绞线设置界面，选择"线缆类型"选项，按 Enter 键，进入如图 1-43 所示的"缆类型"界面后，根据实际情况选择 UTP（非屏蔽）、FTP（屏蔽）或 SSTP（双屏蔽）线缆即可。

5）在双绞线设置界面中，选择"插座配置"选项（第三"NVP"项无须修改，保留默认值即可），按 Enter 键，进入"插座配置"界面。通常而言，RJ45 水晶头应使用 T568B 或者 T568A 标准制作，据实际情况选择即可。

6）"地点"（Client Name）是指进行认证测试的地点，应该根据实际情况修改，具体方法可参照前文介绍的相关内容。

图 1-42　设置测试极限值

图 1-43　设置缆线类型

1.2.4　测试双绞线或光纤性能

开始双绞线或光纤性能测试前，应当将 Fluke DTX 测试仪连接至想要测试的网络链路中。需要注意的是，测试不同类型的链路应当使用不同的模块。图 1-44 所示为双绞线链路测试模块。

图 1-44　双绞线链路测试模块

测试双绞线水平布线（永久）链路时，Fluke DTX 测试仪的连接如图 1-45 所示。

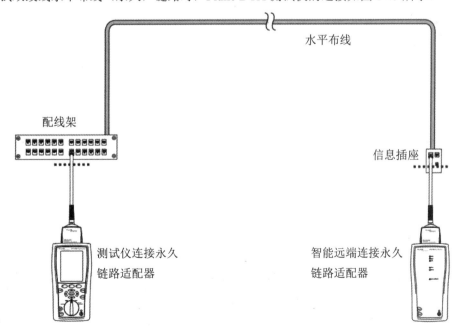

图 1-45　双绞线永久链路测试连接

测试双绞线整个通道链路时（包括跳线），Fluke DTX 测试仪的连接如图 1-46 所示。

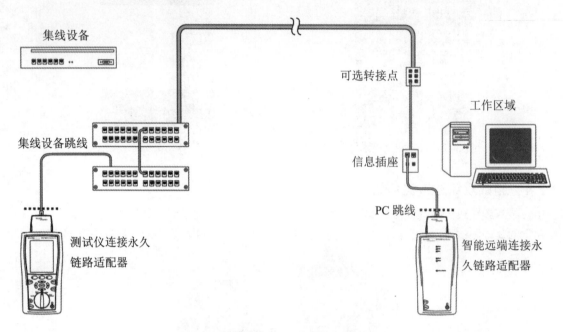

图 1-46 双绞线通道测试连接

下面我们来看一下如何使用 Fluke DTX 测试仪测试双绞线性能，具体操作步骤如下：

（1）根据需求确定测试标准和电缆类型：信道测试还是永久链路测试？是超五类、六类还是其他电缆？

（2）关机后将测试标准对应的适配器安装在主、辅机上。例如，选择 TIA CAT5E CHANNEL 信道测试标准时，主、辅机安装 DTX-CHA001 通道适配器：如果选择 TIA CAT5E PERM.LINK 永久链路测试标准时，主、辅机各安装一个 DTC-PLA001 永久链路适配器，末端加装 PM06 个性化模块。

（3）按照前面介绍的方法设置测试参数，如图 1-47 ～图 1-54 所示。需要注意的是，如果上次使用列表中有所需选项，可直接选择；否则，可按"更多"按钮或者按 F1 键进行选择。

图 1-47 选择"双绞线"选项

图 1-48 选择"测试极限值"选项

图 1-49 选择"更多"选项

图 1-50　选择测试标准

图 1-51　选择测试类型

图 1-52　选择"缆线类型"

图 1-53　选择"UTP"选项

图 1-54　选择"Cat 6 UTP"选项

（4）开机后，将旋钮转至 AUTO TEST 挡位，以测试所选标准的全部参数；或者将旋钮转至 SINGLE TEST 挡位，只测试标准中的某个参数（旋钮转至 SINGLE TEST 挡位后，按"↑""↓"键可选择想要测试的参数）。将所需测试的产品接上对应的适配器，按下 TEST 按钮，即可开始测试，如图 1-55 和图 1-56 所示。

（5）测试完毕将自动进入如图 1-57 所示的界面，显示测试结果，并提示测试"通过"或者"失败"。按 Enter 键，可查看参数明细；按 F2 键，则返回"上一页"；按 F3 键可前进至"下一页"。按 Exit 按钮退出后，按 F3 键可查看内存数据存储情况。测试"失败"时，如需检查故障，可以按 X 键查看具体情况。

图 1-55　按下 TEST 按钮

图 1-56　正在进行测试

图 1-57　测试通过

通常情况下具体测试中可能出现的结果包括：

● PASS 通过：显示为绿色，表示所有参数均在极限设置范围之内。

● PASS*（通过 *）：显示为黄色，表示测试结果中有一个或一个以上的参数准确度在测试与准确度不确定的范围内，并在对应的参数前标注蓝色，表示该参数勉强可用，但应寻求改善布线安装的方法来消除勉强的性能。

- FAIL*（失败 *）：显示为红色，意义与 PASS* 相同，但是对应参数面前会被标注红色"*"，表示该项参数性能接近失败。注意，对于接近失败的测试结果应当视为完全失败来重新统一部署。
- FAIL（失败）：显示为红色，表示测试结果中有一个或者一个以上的参数值超出预先设定的极限值。

（6）按下 F1 键，即可查看错误信息。此时界面中将以图形、表格等通俗易懂的方式可能的失败原因及解决建议。诊断测试失败可能产生多个界面，此时可以通过"↑""↓""←""→"4 个定位键切换查看。

另外，从故障信息画面中还可以分析得出导致故障的原因，以及故障位置距离测试仪的大概距离，以便用户迅速确认故障位置，部署相应的排除工作。如果对当前显示的故障分析仍不满意，也可以根据以图形格式表示的标准限制查看故障分析。通定位键移动光标，可以查看到每一时刻的状态数据。

1.2.5 测试双绞线或光纤链路连通性

Fluke DTX 测试仪不仅可以检测双绞线或光纤的性能，还可以测试双绞线和光纤的连通性。测试光纤链路时，Fluke DTX 测试仪必须配置光纤链路测试模块（如图 1-58 所示），并根据光纤链路的类型选择单模或多模模块。

图 1-58 光纤链路测试模块

下面我们来看一下测试光纤链路连通性的具体步骤。

（1）开始光纤设置之前，首先将光线模块按照安装说明手册正确安装好，然后开启 DTX 电源，将旋钮转至 Setup 位置，并选择"光纤"选项，接着按 Enter 键，即可查看需要设置的选项，如图 1-59

所示。其中包括光纤类型、测试极限值和远端端点设置 3 项，按照默认顺序依次进行设置即可。

（2）选择"光纤类型"选项后按 Enter 键。即可显示如图 1-60 所示的光纤类型选择界面。在这里用户可以选择通用光纤类型，然后选择对应的光纤型号，也可以根据制造商的不同而选择相应的光纤类型，建议用户选择"通用"。

图 1-59　选择"光纤类型"选项

图 1-60　选择"通用"选项

提示： 根据分类标准的不同，分类结果也是多种多样的，DTX 采用了按照传输模式划分、按照波长划分等多种常用分类标准。例如按照传输模式进行划分的，可以分为单模光纤和多模光纤。其中多模光纤的光芯比较粗，通常有 50um 和 62.5um 两种。由此可见，光纤的分类是非常详细的，所以在选择光纤类型的过程中应特别慎重。

（3）选择"通用"选项后按下 Enter 键，即可进入详细的光纤类型选择界面，如图 1-61 所示。其中包括各种分类标准所产生的分类结果。如 Multimode 62.5、Multimode 50、Single mode、Single mode 9pm、Single mode 18P、Single mode OSP 和 OF-300 Multimode 62.5 等。

（4）使用上下移动键可以选择不同的选项，最后按下 Enter 键，即可确认保存选择返回光纤设置界面。

（5）通过移动上下方向键选中"测试极限值"选项，然后按下 Enter 键，将打开如图 1-62 所示的界面。在这里默认显示的是 DTX 测试仪自动保存的最近使用的 9 项测试极限值，按照保存时间的长短依次排列。如果需要对同一任务进行反复测试，则省去了重新设置的步骤，极大地提高了测试效率。

图 1-61　选择对应的光纤类型

图 1-62　曾用测试极限值

提示：在图 1-63 中，可以设置光纤远端端点。光纤测试远端端点设置共包括 3 种，分别应用于不同的测试任务，如图 1-64 所示。

图 1-63   选择"远端端点设置"选项   图 1-64   远端端点设置选项

● 用智能远端模式来测试双重光纤布线。

● 用环回模式来测试跳接线与光缆绕线盘。

● 用远端信号源模式及光学信号源来测试单独的光纤。

（6）将旋钮转至 SPECIAL FUNCTIONS（特殊参数）位置，此时会显示如图 1-64 所示的界面，在此需要设置的是"设置基准"，其他选项均可保持默认状态。

（7）选择设置基准后按 Enter 键，打开设置基准的界面。设置过程中会出现详细的提示信息，帮助用户完成每一步操作，因此即使用户刚刚接触 DTX 也不会感到困难。从该界面中的提示信息可以看出，当前的 DTX 测试仪上只安装了光纤测试模块，所以在"链路接口适配器"下面仅有一个"光缆模块"可选；如果既安装了光缆模块又连接了双绞线适配器，为了测试任务的顺利完成，就应当确认被选择的是"光缆模块"。

（8）按 Enter 键之后，在打开的设置基准屏幕界面中将会显示用于所选测试方法的基准连接。清洁测试仪上的连接器及跳接线，接测试仪及智能远端，然后按 TEST 键。

（9）完成参照设置之后，DTX 将会以两种波长显示选择信息，并且会同时显示选择的测试方法、参照日期和具体时间。

（10）清洁布线系统中的待测连接器，然后将跳接线连接至布线。DTX 测试仪将显示用于所选测试方法的连接方式，以便进行更精确地测试。

（11）按下 F2（确定）键，保存所做的设置即可开始光纤自动测试任务。

提示：设置参照基准并不复杂，但需要注意的是，如果在设置基准后将跳接线从测试仪或智能远端的输出端口断开，则需要再次设置基准以确保有效的测量。

（12）将旋钮转至 AUTOTEST 挡位。将介质类型设置为光纤，如果需要切换，按 F1 键即可实现。

（13）按下 DTX 测试仪或者智能远端的 TEST 键，即可开始测试；按下 EXIT 键，则可取消测试。

（14）稍等片刻，测试完成之后即可显示测试结果，从中可以查看光纤的详细测试结果，包括输入光纤和输出光纤的损耗情况及长度。

（15）选择某项摘要信息后，按 Enter 键即可进入查看其详细结果的界面。

（16）最后根据提示信息，按 SAVE 键保存测试结果。建议在查看每项测试结果详细信息之前进行保存，以免由于误操作而导致信息丢失。

　　提示： 在光纤自动测试过程中应特别注意，如果选择了双向测试，在测试过程中可能会中途提示切换光纤，即切换适配器的光纤而并非测试仪端口的光纤。

（17）测试完毕之后，如需存储检测结果，按 SAVE 键即可进入保存界面。使用"↑""↓""←""→"键选择所需的名称，如 D1。将旋钮转至 SPECIAL FUNCTIONS 挡位，可以查看存储的测试结果。重复上述操作，直至所有内容均测试完成。

第 2 章

IP/MAC 地址管理工具

Internet 是由不同物理网络互联而成的，不同网络之间实现计算机的相互通信必须有相同的地址标识，这个地址标识称为 IP 地址。而 MAC 地址是每个网卡所必需的，该地址是网卡生产厂商为每一块网卡烧录的世界上唯一的 ID 号。因为 MAC 地址的特殊性保证了每一台安装网卡的计算机身份的唯一性，所以使用该地址可以在网络中识别不同的计算机。在同一局域网中，IP 地址是不可重复的，否则就会产生 IP 冲突，导致上不了网。

简单通俗一点讲，我们把一台计算机比作一个人，MAC 地址就相当于这个人的身份证号码，它是唯一的，任何情况下都不会变化；而 IP 地址则相当于这个人的家庭住址，根据所处的环境不同，IP 地址是会发生变化的；在同一个社区中，如果两个人的住址相同，我们是无法准确找到其中一人的，这就是 IP 地址冲突。

本章主要介绍 IP/MAC 地址管理工具，如 IP 地址查看工具 IPConfig、MAC 地址获取工具 Getmac、MAC 地址解析工具 ARP 等。

2.1 IP 地址查看工具：IPConfig

IP 地址是计算机在网络中相互通信的重要标志，和主机名一样，在局域网中具有唯一性。在规模较大的网络环境中，客户端较多，准确记住每一台计算机的 IP 地址显然是不太可能的，尤其是在存在 DHCP 服务器的网络中，客户端每次被分配到的 IP 地址可能都是不同的，就更没有规律可循了。

IPConfig 是内置于 Windows 的 TCP/IP 应用程序，用于显示本地计算机网络适配器的 MAC 地址和 IP 地址等配置信息，这些信息一般用来检验手动配置的 TCP/IP 设置是否正确。当在网络中使用 DHCP 服务时，IPConfig 可以检测计算机中分配了什么 IP 地址，配置是否正确，并且可以释放、重新获取 IP 地址。这些信息对于网络测试和故障有着重要的作用。

2.1.1 ipconfig 命令格式及参数

在使用 ipconfig 命令时，如果不带参数，将只显示简单的 IP 地址配置信息；如果配合参数使用，还可以实现一些其他的管理功能。

1. ipconfig 命令的格式

ipconfig 命令的格式为：

```
ipconfig [/allcompartments] [/?|/all|/renew[adapter]|/release[adapter]|/
renew6[adapter]|/release6 [adapter]|/flushdns|/displaydns|/registerdns|/showclassid
adapter|/setclassid adapter[classid]|/showclassid6 adapter|/setclassid6 adapter
[classid]]
```

用户可以通过在命令提示符下运行"ipconfig/？"命令来查看 ipconfig 命令的格式及参数，如图 2-1 所示。

图 2-1　Ipconfig 命令的格式

2. ipconfig 命令参数

ipconfig 命令格式中的各种参数的含义如下表 2-1 所示。

表 2-1　ipconfig 命令参数的含义

参数	含 义
Adapter	连接名称（允许使用通配符 * 和？）
?	显示此帮助消息
all	显示完整配置信息
release	释放指定适配器的 IPv4 地址
release6	释放指定适配器的 IPv6 地址
renew	更新指定适配器的 IPv4 地址
renew6	更新指定适配器的 IPv6 地址
flushdns	清除 DNS 解析程序缓存
registerdns	刷新所有 DHCP 租约并重新注册 DNS 名称
displaydns	显示 DNS 解析程序缓存的内容
showclassid	显示适配器的所有允许的 DHCP 类 ID
setclassid	修改 DHCP 类 ID
showclassid6	显示适配器允许的所有 IPv6 DHCP 类 ID
setclassid6	修改 IPv6 DHCP 类 ID

2.1.2　查看网络适配器信息

在本地计算机中运行不带任何参数的 ipconfig 命令，可以检测本地网络连接的 IP 地址配置信息。例如，在本机的命令提示符中直接运行 ipconfig 命令，可以显示所有网络连接的 IP 配置信息，同时也包括路由器信息。在这里显示的 IP 信息有 IP 地址（IP Address）、子网掩码（Subnet Mask）和默认网关（Default Gateway）。

【实验 2-1】在 Windows 7 系统中查看网络连接信息

具体操作步骤如下：

（1）在"运行"对话框中，输入 cmd 命令，如图 2-2 所示，单击"确定"按钮。

图 2-2　"运行"对话框

（2）在弹出的"命令行提示符"窗口中，输入 ipconfig 命令，按回车键，即可看到本机的网络连接信息，如图 2-3 所示。

图 2-3　查看网络连接信息

【实验 2-2】在 Windows 10 系统中查看网络连接信息

具体操作步骤如下：

（1）右击"开始"按钮，在弹出的快捷菜单中选择"运行"命令，如图 2-4 所示。

即扫即看

图 2-4　选择"运行"命令

（2）打开"运行"对话框，在"打开"下拉列表框中输入 cmd 命令，如图 2-5 所示。

图 2-5　输入命令

（3）单击"确定"按钮，打开"命令行提示符"窗口中，输入 Ipconfig 命令，按回车键，即可看到本机的网络连接信息，如图 2-6 所示。

图 2-6　显示本机的网络连接信息

提示：有时需要得到计算机网卡的 MAC 地址，从而进行 MAC 的地址绑定、远程管理等操作，可以用 Ipconfig 命令加"/all"参数来实现，即可显示出本地计算机中所有网卡的 MAC 地址，如图 2-7 所示。

图 2-7　查看网卡的 MAC 地址

2.1.3　重新获取 IP 地址

如果网络中使用了 DHCP 服务，客户端计算机就可以自动获得 IP 地址。但有时因为 DHCP 服务器或网络故障等使一些客户端计算机不能正常获得 IP 地址，此时系统就会自动为网卡分配一个 169.254.x.x 的 IP 地址；或者有些计算机 IP 地址的租约到期，需要更新或重新获得 IP 地址。

【实验 2-3】使用 IPConfig 工具重新获取 IP 地址

故障现象：局域网某用户开机后发现无法上网，打不开网页。网络管理员到用户端使用 Ipconfig 工具检测发现其主机获得的 IP 地址为 169.254.12.5。

故障排除：此故障是由于客户端计算机没有正确获得 IP 地址，使用 ipconfig 命令配合其参数 renew 和 release 后，故障排除，客户端计算机能正常上网。

即扫即看

我们来看一下重新获取 IP 地址的具体步骤：

（1）在 Windows 7 系统的"运行"对话框中，输入 cmd 命令，单击"确定"按钮。

（2）在弹出的"命令行提示符"窗口中，输入 Ipconfig -release 命令，按回车键，系统就会将原 IP 地址释放，如图 2-8 所示。运行 Ipconfig/all 命令，可以看到 IP 地址和子网掩码均变成 0.0.0.0。

（3）释放 IP 地址后就可以重新获得一个新的 IP 地址了，在"命令行提示符"窗口中，输入 Ipconfig –renew 命令，按回车键，自动从 DHCP 服务器获得一个新的 IP 地址，以及子网掩码、默认网关等信息，如图 2-9 所示。

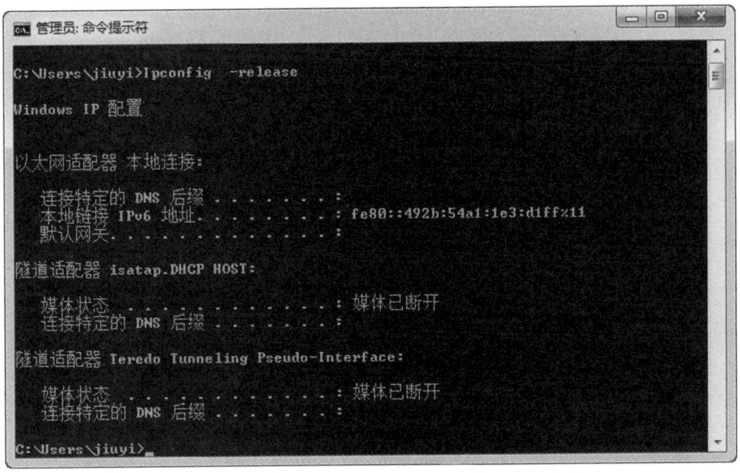

图 2-8　释放 IP 地址

图 2-9　重新获取 IP 地址

2.2　子网掩码计算工具：IPSubnetter

　　子网掩码（Subnet Mask）又叫网络掩码、地址掩码，必须结合 IP 地址一起对应使用。同 IP 地址一样，子网掩码是由长度为 32 位的二进制数组成的一个地址。只有通过子网掩码，才能表明一台主机所在的子网与其他子网的关系，使网络正常工作。子网掩码还用于将网络进一步划分为若干子网，以避免主机过多而拥堵或过少而浪费 IP。子网掩码是用来判断任意两台主机的 IP 地址是否属于同一网络的依据，就是拿双方主机的 IP 地址和自己主机的子网掩码做与运算，如结果为同一网络，就可以直接通信。

　　网络管理员不仅要为网络分配 IP 地址，还应清楚所使用的网络 IP 地址分配是否合理及 IP 地址的使用情况等。IPSubnetter 是一款免费软件，该软件根据子网内某一个 IP 地址和子网掩码，不仅可以计算出该子网内的可用 IP 地址，还可以计算出 IP 地址的二进制数值，并判断该 IP 地址所属的地址类别等各种信息。

子网掩码计算工具的使用方法如下：

（1）运行 IPSubnetter 程序，打开如图 2-10 所示的"IPSubnetter"对话框。

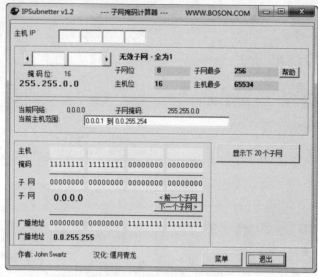

图 2-10 "IPSubnetter"对话框

（2）在"主机 IP"文本框中输入主机的 IP 地址，并选择相应的子网掩码。此时，在"当前主机范围"文本框中会显示出 IP 地址段，不需要进行任何操作，如图 2-11 所示。

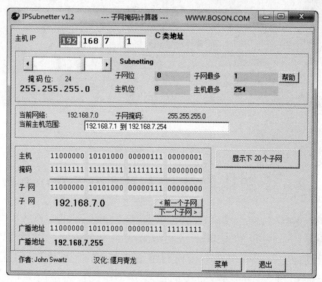

图 2-11 计算出 IP 地址段

注意： 在该对话框下方还会以二进制形式显示出"主机""掩码""子网"和"广播地址"等信息。通过使用 IPSubnetter 工具，可以对已经计算好的 IP 地址和子网掩码进行检测。将使用 IPSubnetter 计算得到的 IP 地址段与自己所分配的地址段进行比较，即可清楚地找到问题。

2.3　MAC 地址解析工具：ARP 命令

网络中每台设备都有一个唯一的网络标识，这个地址叫 MAC 地址或网卡地址，由网络设备制造商生产时写在硬件内部。形象地说，MAC 地址就如同身份证上的身份证号码，具有唯一性。

无论是局域网，还是广域网中的计算机之间进行通信时，最终都表现为数据包从某种形式的链路上的一个初始节点出发，从一个节点传递到另一个节点，最终到达目的节点。数据包在这些节点之间的传递都是由 ARP 负责将 IP 地址映射到 MAC 地址上来完成的。

ARP（地址转换协议）是 TCP/IP 协议簇中的一个重要协议，通常用来确定对应 IP 地址的网卡物理地址（即 MAC 地址）和查看本地计算机或另一台计算机的 ARP 高速缓存中的当前内容，并可以用来将 IP 地址和网卡 MAC 地址进行绑定。

2.3.1　ARP 命令格式及参数

ARP 命令的格式为：

```
ARP -s inet_addr eth_addr [if_addr] | -d inet_addr [if_addr] | -a [inet_addr] [-N if_addr] [-v]
```

用户可以通过在命令提示符下运行"ARP/？"命令来查看 ARP 命令的格式及参数，如图 2-12 所示，各种参数的含义如下表 2-2 所示。

图 2-12　ARP 命令格式及参数

表2-2　ARP命令参数的含义

参数	含义
-a	通过询问当前协议数据，显示当前ARP项。如果指定inet_addr，则只显示指定计算机的IP地址和物理地址。如果不止一个网络接口使用ARP，则显示每个ARP表的项
-d	删除inet_addr指定的主机。inet_addr可以是通配符*，以删除所有主机。
-s	添加主机并且将Internet地址inet_addr与物理地址eth_addr相关联。物理地址是用连字符分隔的6个十六进制字节。该项是永久的
inet_addr	指定Internet地址

2.3.2　查看IP-MAC对照表

在操作系统的ARP高速缓存中记录了IP与MAC地址的对应数据。在命令行提示符窗口中输入arp –a命令，按回车键，可以获得已绑定的IP与MAC地址等信息，如图2-13所示。在所显示的IP地址与MAC地址的对应信息中，动态数据在下次启动时会消失。

图2-13　查看IP与MAC地址信息

默认设置ARP高速度缓存中的项目是动态的，每当发送一个指定地点的数据包且高速缓存中不存在当前项目时，ARP便会自动添加该项目。

2.3.3　绑定IP地址与MAC地址

在管理比较严格的网络中，可能会限制一些用户上网，但这些用户为了上网，可能会盗用合法的IP地址，因此，经常会遇到IP地址冲突的问题。

【实验2-4】使用ARP命令将IP地址（192.168.1.100）与MAC地址绑定

故障现象：局域网某用户打开电脑后，发现不能正常上网，发现提示IP地址

即扫即看

有冲突。网络管理员检测发现是由于有些用户擅自修改 IP 地址，从而造成与该 IP 地址发生冲突，引起网络故障。

故障处理： 为了防止某些用户擅长修改 IP 地址，造成 IP 地址冲突，可以使用 ARP 命令将 IP 地址与 MAC 地址进行绑定。

我们来看一下具体的操作步骤：

（1）在 Windows 7 系统的"运行"对话框中，输入 cmd 命令，单击"确定"按钮。

（2）在弹出的"命令行提示符"窗口中，输入 arp –s 192.168.1.100 30-9C-23-A6-4B-07 命令，按回车键，即可将 192.168.1.100 与网卡绑定。

（3）在"命令行提示符"窗口中，输入 arp –a 命令，按回车键，可以看到绑定的 IP 地址与网卡物理地址信息，如图 2-14 所示。

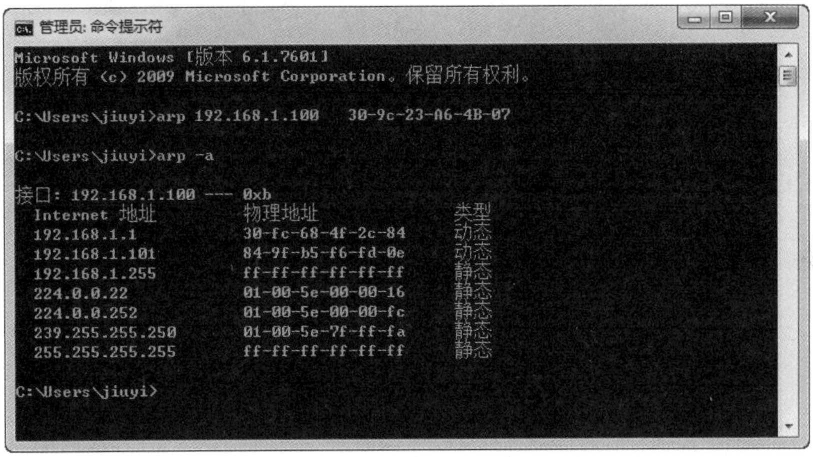

图 2-14　绑定 IP 地址与 MAC 地址

注意： 如果想要取消 IP 地址与 MAC 地址的绑定，可以使用"arp –d IP 地址"命令解除该 IP 地址的绑定。例如，要取消 192.168.1.100 的绑定，可在命令提示符下输入 arp –d 192.168.1.100 命令。

2.4　网卡地址及协议列表工具：getmac 命令

在局域网管理中，网络管理员经常需要查看局域网中每台计算机当前所使用的每个网络适配器的协议时，使用 getmac 命令就可以轻松解决。

getmac 命令用于查看计算机中所有网卡的 MAC 地址，以及每个地址的网络协议列表。它既可以应用于本地计算机，也可以通过网络获取远程主机或用户计算机的 MAC 地址等相关信息。

2.4.1　getmac 命令格式及参数

getmac 命令的格式为：

```
GETMAC [/S system [/U username [/P [password]]]] [/FO format] [/NH] [/V]
```

用户可以通过在命令提示符下运行"getmac/？"命令来查看 getmac 命令的格式及参数，如图 2-15 所示，各种参数的含义如下表 2-3 所示。

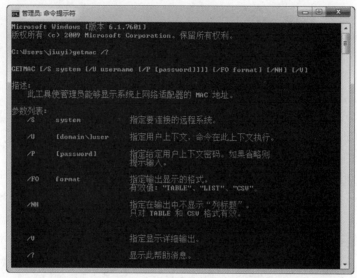

图 2-15　getmac 命令格式及参数

表 2-3　getmac 命令参数的含义

参数	含 义
/S system	指定要连接的远程系统
/U [domain\]user	指定用户上下文，命令在此上下文执行
/P [password]	指定给定用户上下文密码。如果省略则提示输入
/FO format	指定输出显示的格式。有效值："TABLE"、"LIST"、"CSV"
/NH	指定在输出中不显示"列标题"，只对 TABLE 和 CSV 格式有效

2.4.2　获取本机的网卡地址及协议名称

在"命令提示符"窗口中输入 getmac，按回车键，显示如图 2-16 所示的结果。

图 2-16　获取本机的网卡地址及协议名称

2.4.3   输出 MAC 地址的详细信息

要在本地计算机上以 table 格式输出 MAC 地址的详细信息，在"命令提示符"窗口中输入 getmac /fo table /nh /v，按回车键，显示如图 2-17 所示的运行结果。通过查看可知，本地计算机有一块网卡。

图 2-17   输出 MAC 地址的详细信息

2.4.4   查看局域网的网卡 MAC 地址

使用 getmac 命令可以查看局域网内指定 IP 地址的网卡 MAC 地址，在"命令行提示符"窗口中，输入 getmac /s IP 地址，按回车键，即可显示如图 2-18 所示的结果。

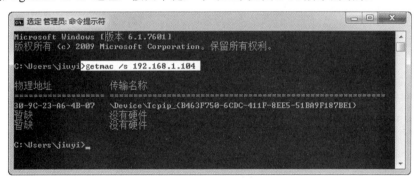

图 2-18   查看局域网的网卡 MAC 地址

2.5   MAC 扫描器

MAC 扫描器是一款专门用来获取网卡物理地址的网络管理软件，相对于 Windows 系统的 getmac 命令，MAC 扫描器功能更加强大，它不仅可以获取局域网计算机的 MAC 地址，还可以获取 Internet 中网卡的 MAC 地址。MAC 扫描器通常被用来管理本地网络中的计算机，它可以在局域网内的任意一台计算机上运行。

通过 MAC 扫描器，网络管理员可以掌握局域网中正在运行的计算机的详细信息，如其计算机名、MAC 地址、IP 地址等。

2.5.1 获取 MAC 地址

利用 MAC 扫描器可以轻松查看网络中每台计算机的运行情况、网络连接情况、MAC 地址、IP 地址、计算机名、用户名等详细信息。

（1）运行 MAC 扫描器，在"MAC 扫描器"窗口中，单击"新建"按钮，打开如图 2-19 所示的"新建"对话框。

图 2-19　"新建"对话框

（2）分别在"起始 IP"和"终止 IP"文本框中输入要扫描的 IP 地址段，即 192.168.1.1 ～ 192.168.1.200。

（3）单击"确定"按钮，保存设置。在"MAC 扫描器"窗口中，单击"开始"按钮，开始扫描设定网段内的计算机。扫描得到的 MAC 地址、计算机名及所有在的工作组等信息会显示在"扫描列表"中，如图 2-20 所示。

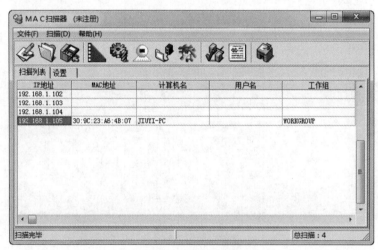

图 2-20　扫描结果

（4）单击"比较"按钮，显示每台计算机的上线时间、下线时间及状态等信息。

（5）单击"监视"按钮，MAC 扫描器即可监视所有扫描到的计算机状态，如上线 / 下线时间及当前状态等。

2.5.2 扫描设置

除使用软件默认的设置扫描网络外，还可以对扫描过程中的延时和扫描频率进行设定。在"MAC 扫描器"窗口中选择"设置"选项卡，如图 2-21 所示，在此即可设置延时毫秒和间隔扫描毫秒数。

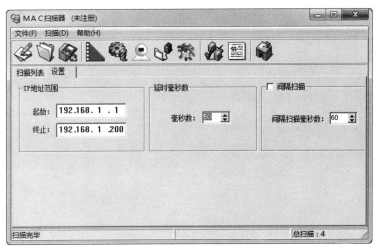

图 2-21　"设置"选项卡

我们来详细了解一下图 2-21 中 3 个设置的含义。

（1）IP 地址范围

用于修改 IP 地址范围。如果想重新获取其他网段计算机的 MAC 地址，必须重新在"新建"对话框中设置。

（2）延时毫秒数

用于设置扫描过程中在每台计算机上消耗的扫描时间，这与所扫描的网络的状况有关，一般采用默认值即可。

（3）间隔扫描

间隔扫描自动扫描的时间间隔，默认情况下不启用该功能，如果仅为了获得对方的 MAC 地址，扫描一次即可，重复扫描只会浪费更多的时间和带宽。

对于 MAC 扫描器的设置，无须保存即可即时生效，再次运行扫描时便可应用所做设置。

第 3 章

IP 链路测试工具

IP 链路的正常连接是计算机正常接入网络的基础。因此，需要使用一些测试工具来判断网络 IP 链路是否正常，包括链路是否连通、路由路径是否连通、与远程网站是否连通和与远程主机是否连通。在使用测试工具测试 IP 链路后，网络管理员可以快速确定发生网络故障的位置，以及解决网络故障的方法。

前面章节介绍了使用硬件工具检测 IP 链路的方法，本章介绍使用软件工具检测 IP 链路的方法，如 Ping、IP-Tools、Pathping、Tracert 等。

3.1　IP 网络连通性测试工具：ping 命令

Windows 系统自身提供了一些功能比较简单的 IP 网络连通性测试工具，如 ping 命令。ping 命令是网络中使用频率相当高的命令，经常是在网络不通或传输不稳定时，网络管理员的首选工具。

造成网络性故障的原因有很多，要解决网络连接性故障，需要逐步排除各个环节，如本地网卡、网络协议，以及远程计算机的连接等，这些均可使用 ping 命令来完成。

3.1.1　ping 命令格式及参数

ping 命令的格式为：

```
ping [-t] [-a] [-n count] [-l size] [-f] [-i TTL][-v TOS] [-r count][-s count][[-j
host-list] | [-k host-list]][-w timeout] [-R] [-S srcaddr] [-4] [-6] target_name
```

用户可以通过在命令提示符下运行 ping 或 "ping/？" 命令来查看 ping 命令的格式及参数，如图 3-1 所示。其中目的地址是指被测试计算机的 IP 地址或计算机名称。各种参数的含义如下：

图 3-1　ping 命令的格式及参数

表 3-1　ping 命令参数的含义

参数	含义
-t	ping 指定的主机，直到停止。若要查看统计信息并继续操作，则按 Control-Break 键；若要停止，则按 Control-C 键
-a	将地址解析成主机名
-n Count（计数）	要发送的回显请求数，默认值是 4
-1 Size（长度）	发送缓冲区大小。默认值为 32。Size 的最大值是 65 527
-f	在数据包中设置"不分段"标志（仅适用于 IPv4）
-i TTL	生存时间
-v TOS	服务类型（仅适用于 IPv4。该设置已不赞成使用，且对 IP 标头中的服务字段类型没有任何影响）
-r Count	记录计数跃点的路由（仅适用于 IPv4）
-s Count	计数跃点的时间戳（仅适用于 IPv4）
-j HostList（目录）	与主机列表一起的松散源路由（仅适用于 IPv4）
-k HostList	与主机列表一起的严格源路由（仅适用于 IPv4）
-w Timeout（超时）	等待每次回复的超时时间（毫秒）
-R	同样使用路由标头测试反向路由（仅适用于 IPv4）
-S SrcAddr（源地址）	指定要使用的源地址（只适用于 IPv6）
-4	指定将 IPv4 用于 ping。不需要用该参数识别带有 IPv4 地址的目标主机，仅需要它按名称识别主机
-6	指定将 IPv6 用于 ping。不需要用该参数识别带有 IPv6 地址的目标主机，仅需要它按名称识别主机

通过表 3-1 中所讲的这些参数的含义，我们也可以看出，ping 命令的主要功能在于测试连通性和分析网络速度；接下来的几个小节，我们将测试不同网络设备的连通性并通过测试包来分析网络的速度和稳定性。

3.1.2　使用 ping 命令测试网卡

如果计算机不能与其他计算机或 Internet 正常连接，首先需要检查本地网卡是否正常。网卡可能会由于驱动程序安装不正常、没有安装必需的通信协议等造成不能连接网络。此时，可以使用 ping 命令进行测试。

下面我们来看一下使用 ping 命令测试网卡的具体步骤：

（1）在命令行提示符窗口中，输入"ping 127.0.0.1"，按 Enter 键。

（2）如果客户机上网卡正常，则会以 DOS 屏幕方式显示类似"来自 127.0.0.1 的回复：字节 = 32 时间 <1ms TTL=64"信息，如图 3-2 所示。

（3）如果网卡有故障，则会显示"请求超时"信息，如图 3-3 所示。

图 3-2 网卡正常

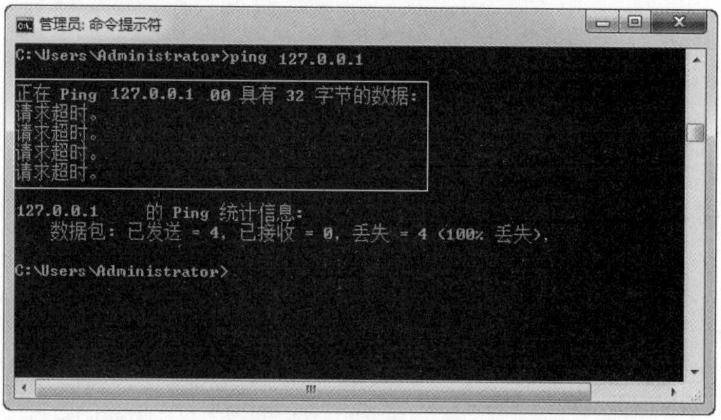

图 3-3 网卡有故障

对于具体的测试结果，我们可以从以下几个方面考虑接下来的应对策略。

1. 是否正确安装了网卡

如果测试成功，说明网卡没有问题；如果测试不成功，说明该网卡驱动程序或 TCP/IP 没有正常安装。在"设备管理器"窗口中，查看网卡是否有一个黄色的"！"，如果有，就需要重新安装驱动程序。

提示：127.0.0.1是本地网卡的默认回环地址，无论网卡中是否分配了 IP 地址，该地址都会存在，且仅在本地计算机中有效，在网络中无效。

2. 是否正确安装了 TCP/IP

如果测试成功，说明网卡 TCP/IP 没有问题。如果测试不成功，但网卡驱动程序安装正常，则应检查本地网卡的"本地连接"属性，查看是否正确安装了 TCP/IP。

3. 是否正确配置了 IP 地址和子网掩码

如果 ping 127.0.0.1 测试成功，但 ping 本地 IP 地址不成功，说明没有正确配置 IP 地址。应打开本地网卡的"本地连接"属性，检查 IP 地址和子网掩码是否设置正确，并进行正确配置。

3.1.3　通过 IP 地址测试与其他计算机的连通性

通过 ping IP 地址的方法可以判断本地计算机与其他计算机的连通性，或者判断对方计算机是否在线等，这是局域网中最常用的操作。

【实验 3-1】无法打开其他电脑主机共享文件夹的连通性测试

即扫即看

故障现象：局域网某用户上班后发现无法打开 A 电脑主机共享的文件夹，网络管理员来到该用户主机，使用 ping 命令检测该用户主机的网卡发现网卡正常，ping A 电脑主机 IP 地址发现无法连通。

故障排除：经过逐一检测，发现 A 电脑主机的子网掩码设置错误，重新设置后，故障排除。

具体操作步骤和分析如下：

（1）在【命令行提示符】窗口中，输入"ping 192.168.1.108"，按【Enter】键。

（2）ping 命令便开始测试，如果能够连通，就会返回一些数值，如时间（time）、字节（TTL）值等，如图 3-4 所示，说明对方计算机当前在线，并且能与该计算机连通。根据所返回的 time（时间）和 TTL（字节）值，还可以了解到网络的大致性能，Time 值越大，则说明 ping 的时间越长，网络延时越久，网络性能也就越不好；如果 Time 值越小，则说明网络状况越好。

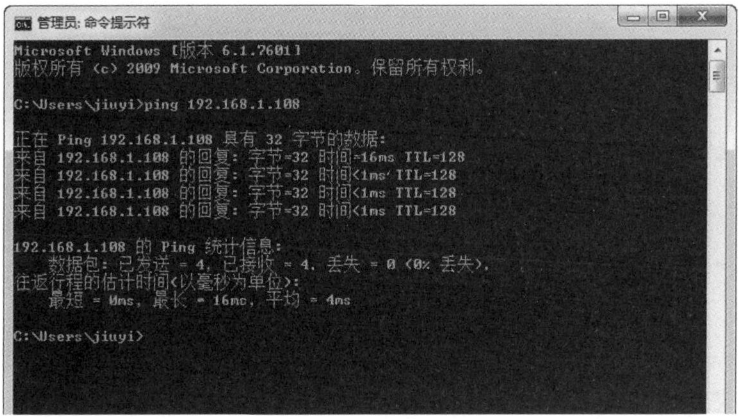

图 3-4　Ping IP 地址正常

（3）如果返回信息为请求超时（Request timed out），则表示不能与该计算机连通，如图 3-5 所示。这种情况说明可能是对方计算机设置了不返回 ICMP 包，或者与对方计算机的网络不通，或者测试计算机不在线，也有可能是安装了防火墙。

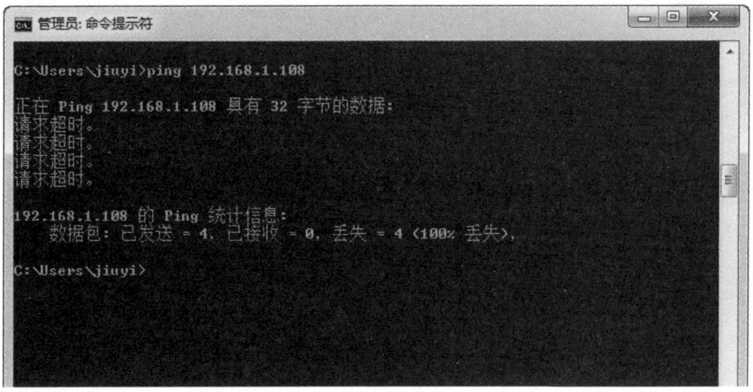

图 3-5　不能 ping 通

3.1.4 通过计算机名测试与其他计算机的连通性

如果不知道对方计算机的 IP 地址，只知道对方的计算机名，也可以使用 ping 命令测试，同时，还可以得到对方计算机的 IP 地址。

基本操作步骤和分析如下：

（1）在命令行提示符窗口中，输入"ping 计算机名"，例如"ping PC-08"，按 Enter 键，ping 命令便开始测试。

（2）如果能够连接，就会返回相应数值，如图 3-6 所示。说明与该计算机的连接正常，在返回值中还会显示对方计算机的 IP 地址，即 192.168.1.108。

图 3-6　ping 计算机名

（3）如果在 ping 计算机名时返回无法访问目标主机信息，则说明无法与该计算机连通，或者该计算机没有正确接入网络，如图 3-7 所示。

图 3-7　无法访问目标主机

（4）如果在 ping 计算机名时，返回 ping 请求找不到主机 PC-08。请检查该名称，然后重试信息，则说明网络中没有此 IP 地址，或者是输入的计算机名有误，如图 3-8 所示。

图 3-8　请求找不到主机

3.1.5　测试与路由器的连通性

通过 ping 路由器的 IP 地址，可以查看路由器是否正常工作。路由器的 IP 地址根据不同产品而不同，这里假定为 192.168.1.1。

【实验 3-2】无法上网后的路由器连通性测试

故障现象：局域网某用户出差回来打开电脑，发现无法正常上网，网络管理员使用 ping 工具检测发现本地网卡工作正常，ping 路由器无法连接。

故障排除：通过逐一排查发现路由器的电源线被老鼠咬断了，重新换上新电源后，故障排除。

即扫即看

基本操作流程和分析如下：

（1）在命令行提示符窗口中，输入"ping 192.168.1.1"，按 Enter 键，ping 命令便开始测试。

（2）如果能够连接就会返回相应数值，如图 3-9 所示。说明与该路由器的连接正常。

图 3-9　ping 路由器

（3）如果不能连接，则会返回传输失败或请求超时的信息，如图 3-10 和图 3-11 所示，说明与该路由器的连接不正常，需要检查网线、网卡和路由器是否正常。

图 3-10　传输失败

图 3-11　请求超时

3.1.6　测试与 Internet 的连通性

用户在浏览网页时，经常会遇到网页不能正常打开的情况。此时可以使用 ping 命令检查本地计算机到 Internet 的连通性，同时也可以获得该网站的 IP 地址。下面我们以百度为例，测试一下连通性。

【实验 3-3】测试与百度网站的连通性

（1）在命令行提示符窗口中，输入"ping www.baidu.com"，按 enter 键，ping 命令便开始测试，显示如图 3-12 所示的测试结果。

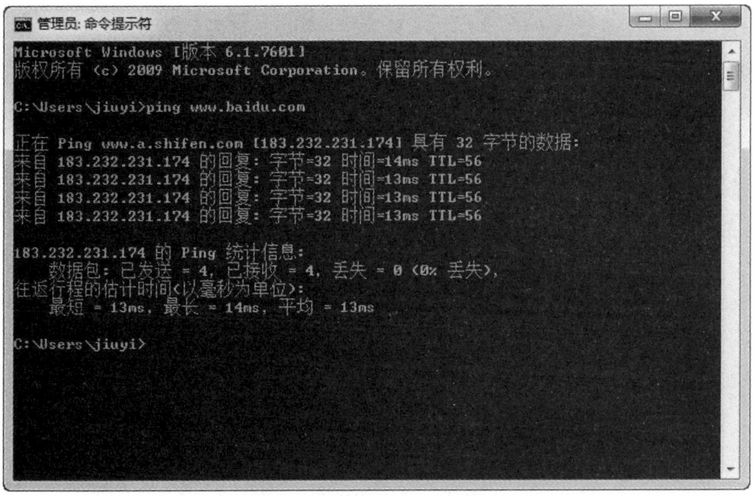

图 3-12　ping 网站域名

（2）首先会返回该网站的主机头名 www.baidu.com，IP 地址为 183.232.231.174，然后返回与该网站的连通信息，说明可以解析域名并与百度网站连通。

提示：许多网站设置了不返回 ICMP 包，在使用 Ping 命令时也会返回"请求超时"的信息，因此，测试时应多 ping 几个网站。如果此时仍然可以解析出该网站的 IP 地址，说明本地计算机可以连接 DNS 服务器。如果网络中没有专用的 DNS 服务器，则说明计算机可以上网。

（3）在测试与 Internet 的连通性，如果网站禁止 ping 进入，在命令行提示符窗口中显示提示信息，但是可以获得该网站的 IP 地址。

（4）打开 IE 浏览器，在地址栏中输入网站的 IP 地址，按回车键打开网站，如图 3-13 所示。

图 3-13　百度网站首页

3.1.7 根据 IP 地址查看局域网中一台计算机的计算机名

如果已知局域网中某台计算机的 IP，想知道该计算机的计算机名，可以使用 Ping 命令。

例如，我们查看局域网中一台 IP 地址为 192.168.1.105 的计算机的计算机名

（1）在命令行提示符窗口中，输入"ping -a 192.168.1.105"，按 Enter 键。

（2）如果可以连通，即可在返回结果的 ping PC-018[192.168.1.105] 字段中显示，对应 IP 地址 192.168.1.105 的计算机名为 PC-018，如图 3-14 所示。

图 3-14　查看计算机名

3.1.8 测试服务器或网络设备的性能

如果想要查看网络中某台服务器或设备的性能，也可以通过长时间不断地 Ping 来查看丢包现象。

【实验 3-4】测试 IP 地址为 220.202.106.165 的服务器的性能

（1）在命令行提示符窗口中，输入"ping 220.202.106.165 -t"，按 Enter 键。

（2）ping 命令便会开始不间断地 ping 该地址，如图 3-15 所示。如果经常出现与该 IP 地址不能连通的情况，说明该服务器或网络设备并不稳定。

图 3-15　测试服务器或设备性能

提示：Ping 命令加上 -t 参数运行后，会一直 ping 下去，不会自动停止，可以按 Ctrl+C 组合键手动停止。

3.1.9　测试所发出的测试包的个数

在默认情况下，ping 命令只发送给 4 个数据包，但是我们可以通过 -n count 命令来定义发送的个数，对衡量网络的稳定性很有帮助。例如，测试发送 20 个数据包的返回平均时间、最快时间和最慢时间分别是多少。

【实验 3-5】测试所发出的测试包的个数

具体操作步骤如下：

（1）在命令行提示符窗口中，输入"Ping –n 10 220.202.106.165"，按 Enter 键。

（2）Ping 命令便会开始给 220.202.106.165 发送数据包，如图 3-16 所示，在发送 10 个数据包的过程中，返回了 10 个，丢失为 0。在这 10 个数据包当中返回速度最快为 13ms，最慢为18ms，平均速度为 16ms。

图 3-16　测试所发出的测试包的个数

3.2　网络管理工具：IP-Tools

IP-Tools 是一款功能齐全的网络管理软件，可以随时随地的向网络管理员报告网络的运行情况。IP-Tools 自身集成多种 TCP/IP 使用工具，如本地信息、链接信息、端口扫描、Ping、Whois、Finger、Nslookup、Telnet 客户端、NetBIOS 信息、IP 监视器等，通过这些工具，可以轻松掌握所管理的网络。

3.2.1　查看本地计算机的 TCP/IP 连接

IP-Tools 的安装非常简单，安装完成后，打开如图 3-17 所示的"IP-Tools"窗口，显示本地计算机的各种基本信息，包括操作系统、CPU 和内存信息。

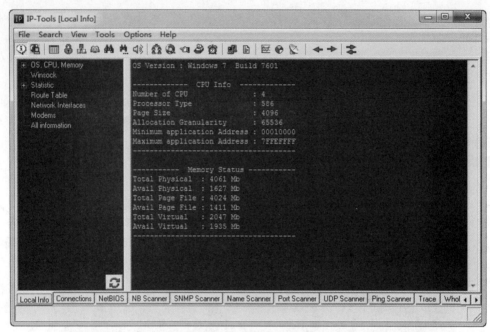

图 3-17　"IP-Tools"窗口

在"IP-Tools"窗口下方单击"Connections"选项卡，可以查看本地计算机当前的 TCP/IP 网络使用情况，例如，系统中正在使用的端口、端口使用的协议、所连接的远程 IP 地址和远程端口，以及该端口所运行的进程和 ID 等，如图 3-18 所示。

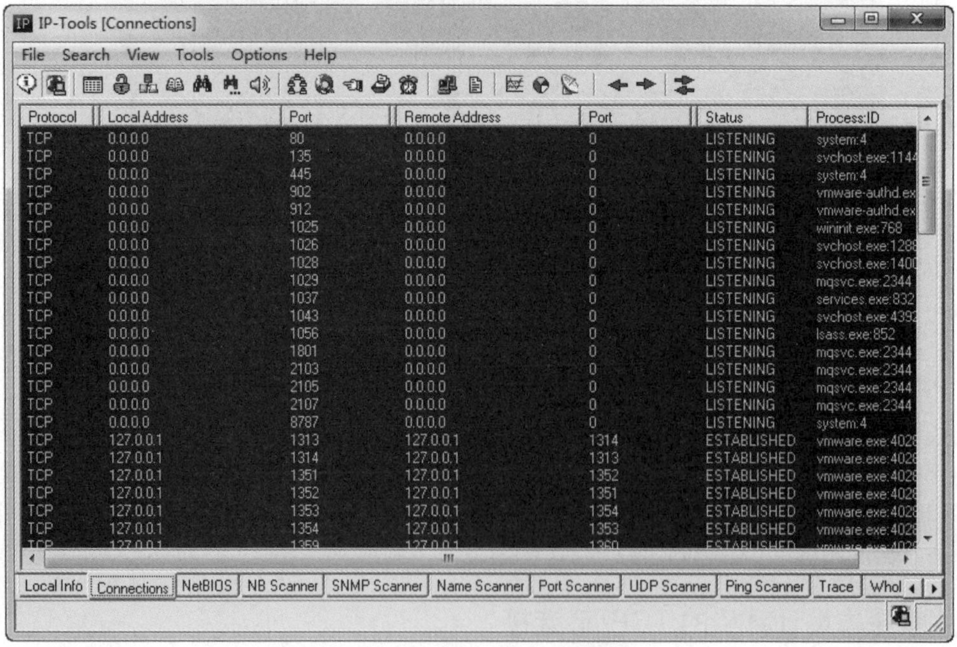

图 3-18　查看 TCP/IP 连接情况

在窗口中右击并选择快捷菜单中的"Options"命令，打开如图 3-19 所示的"Options"对话框，可以根据需要设置显示方式及刷新速度。选择"Connection Monitor"选项卡，在"Auto refresh every"微调框中可以调整自动刷新的速度。

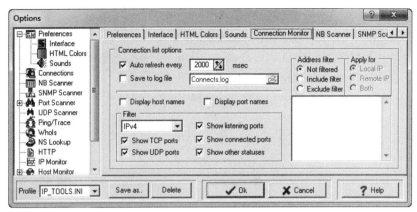

图 3-19　"Options"对话框

3.2.2　查看 NetBIOS 信息

在"IP-Tools"窗口下方单击"NetBIOS"选项卡，可以扫描网络中计算机的 NetBIOS 信息。在"From Addr"文本框中输入要扫描的 IP 地址，如果要查看本地计算机则只需输入"*"。单击"Start"按钮，随后会在当前窗口中列出所获得的支持 NetBIOS 的远程或本地计算机上的信息，这些信息包括 MAC 地址（即物理地址）、使用的最大会话数和最大会话包的大小等，如图 3-20 所示。

通过了解最大会话数和最大会话包的大小等信息，网络管理员就可以判断网络是否稳定和正常，以及是否有黑客入侵等。

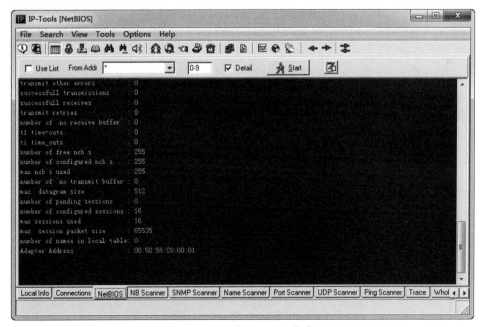

图 3-20　查看 NetBIOS 信息

提示：在窗口空白处中单击鼠标右击，在弹出的快捷菜单中选择"Clear"命令，即可将窗口中所显示的内容清空。

3.2.3　搜索局域网共享资源

使用 IP-Tools 工具可以了解到局域网内的共享资源情况。搜索局域网共享资源的操作如下：

（1）在"IP-Tools"窗口下方单击"NB Scanner"选项卡，在"From Addr"和"To Addr"文本框中分别输入要扫描的起始 IP 地址和结束 IP 地址，单击"Start"按钮，IP-Tools 就会搜索该 IP 地址段，并列出每个 IP 地址所共享的文件，如图 3-21 所示。

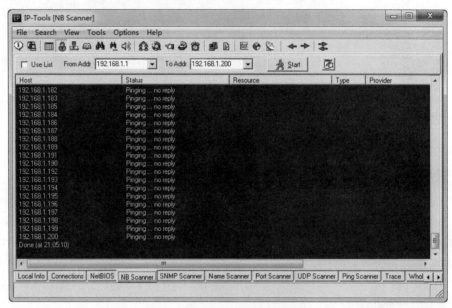

图 3-21　搜索局域网共享资源

（2）扫描完成后，单击"Keep only found resources"按钮，会筛选扫描结果，只列出扫描到的主机和共享资源，如图 3-22 所示。

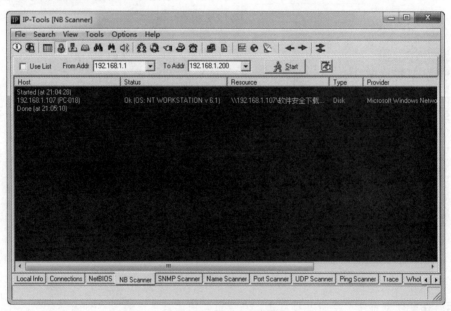

图 3-22　筛选扫描结果

3.2.4　扫描局域网中的计算机名

使用 IP-Tools 工具可以得到所管理网络中各计算机的 IP 地址和计算机名称等信息，使网络管理员可以随时看到随意更改计算机 IP 地址的用户，便于更好地管理网络。

【**实验 3-6**】扫描 IP 地址段（192.168.1.1 ～ 192.168.1.200）内的计算机对应信息

具体的操作步骤如下：

（1）在"IP-Tools"窗口下方单击"Name Scanner"选项卡，在"From Addr"和"To Addr"文本框中分别输入要扫描的起始 IP 地址和结束 IP 地址，单击"Start"按钮，IP-Tools 就会搜索该 IP 地址段的计算机，如图 3-23 所示。如果显示的是 Not resolved（没有解析），则表示该计算机没有连接到网络。

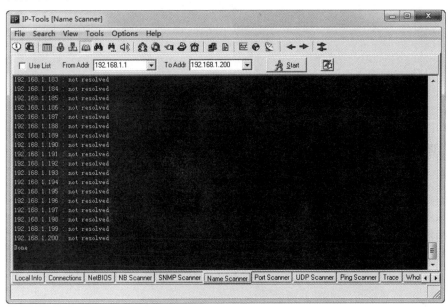

图 3-23　扫描局域网中的计算机

（2）扫描完成后，单击"Keep only found resources"按钮，打开如图 3-24 所示的"Confirm"对话框，确认是否显示扫描到 IP 地址和计算机名信息。

图 3-24　"Confirm"对话框

（3）单击"Yes"按钮，可以只显示扫描到的计算机 IP 地址与计算机名相对应的信息，如图 3-25 所示。

网络管理员对这些信息要做好整理备份，这样在网络出现故障时，就可以根据这些基础信息来定位具体故障所对应的计算机，有效地节省时间。

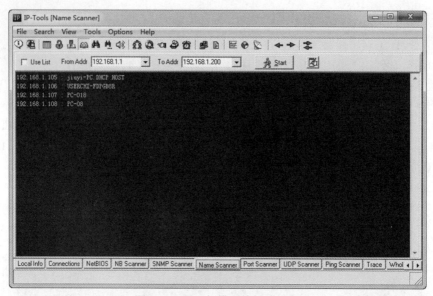

图 3-25　显示扫描到的相关信息

3.2.5　扫描局域网中的计算机端口

使用 IP-Tools 工具可以扫描局域网中所有计算机中开放的端口，从而有针对性地对相应的端口进行关闭，以保障网络的安全性。

【实验 3-7】扫描 IP 地址段（192.168.1.2 ~ 192.168.1.120）内的计算机端口及信息

具体操作步骤如下：

（1）在"IP-Tools"窗口下方单击"Port Scanner"选项卡，在"From Addr"和"To Addr"文本框中分别输入要扫描的起始 IP 地址和结束 IP 地址，单击"Start"按钮，IP-Tools 就会搜索该 IP 地址段的计算机端口，如图 3-26 所示。

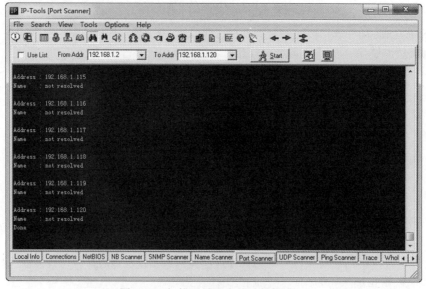

图 3-26　扫描局域网中的计算机端口

（2）扫描完成后，单击"Keep only found resources"按钮🔲，打开"Confirm"对话框，确认是否显示扫描到的 IP 地址和计算机名信息。

（3）单击"Yes"按钮，可以只显示扫描到的计算机 IP 地址、计算机名和相对应的信息、端口号和 Ping 信息，如图 3-27 所示。

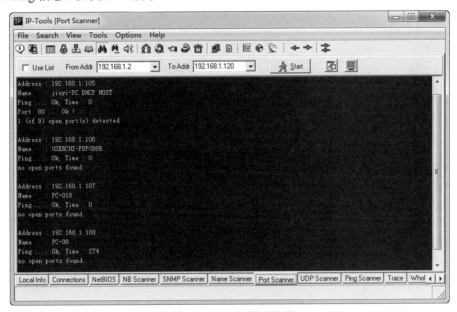

图 3-27　只显示扫描到的端口

提示：如果某个 IP 地址的 Name 显示为 OK，说明该计算机已经连接到了网络，并在 Port 中显示出所开放的端口。如果显示为 Not resolved（没有解析），则表示该计算机可能没有连接到网络或没有开机，如果所扫描到的计算机上没有端口处于开启状态，则显示为 No Open Ports found（没有找到打开的端口）。

3.2.6　扫描局域网中的计算机连通性

Ping 是网络管理中使用频率比较高的命令。IP-Tools 中也集成了 Ping 功能，它不仅可以 Ping 单个 IP 地址，还可以 Ping 一个 IP 地址段。使用 IP-Tools 工具可以迅速了解到网络中哪些计算机可以连通，哪些不能连通，方便及时排除故障。

扫描局域网中的计算机连通的操作如下：

（1）在"IP-Tools"窗口下方单击"Ping Scanner"选项卡，在"From Addr"和"To Addr"文本框中分别输入要扫描的起始 IP 地址和结束 IP 地址，单击"Start"按钮，IP-Tools 就会搜索该 IP 地址段的计算机端口，如图 3-28 所示。

（2）扫描完成后，单击"Keep only found resources"按钮🔲，打开"Confirm"对话框，确认是否显示可以 Ping 通的计算机信息。

（3）单击"Yes"按钮，显示 IP 段中可以连通的计算机，如图 3-29 所示。

（4）在"IP-Tools"窗口中使用 Ping 功能时，因为省去了输入 IP 地址的时间，并且系统默认只发送 2 个数据包，所以比在命令提示符中速度更快，在"IP-Tools"窗口中单击鼠标右击，在弹出的快捷菜单中选择"Options"命令，可以根据需要设置发送数据包的数量，数据包大小和超时限制等信息。

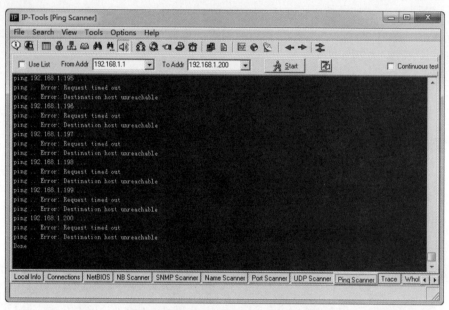

图 3-28　扫描局域网中的计算机连通

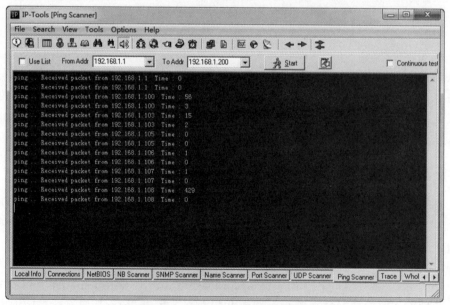

图 3-29　只显示可以连通的计算机

3.2.7　追踪路由

在 IP-Tools 中集成了 Tracert 功能，与 Windows 系统自带的 Tracert 命令功能相同。但是默认情况下，如果追踪路由设备没有回应，会自动停止追踪。为了使它能够继续追踪，在 "Tracert"窗口中空白处单击鼠标右击，在弹出的快捷菜单选择 "Options" 命令，打开如图 3-30 所示的 "Options" 对话框，在 "Ping/Tracert" 选项卡中取消选中 "Stop Tracing When a non-responding device is encountered"复选框，单击"OK"按钮保存即可。

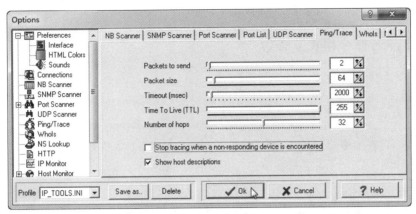

图 3-30　"Options"对话框

在"Tracert"窗口中的"Host"文本框中输入需要跟踪的服务器域名或IP地址，如果是DNS域名，则应选中"Use DNS"复选框，单击"Start"按钮，即可开始追踪路由，如图 3-31 所示。

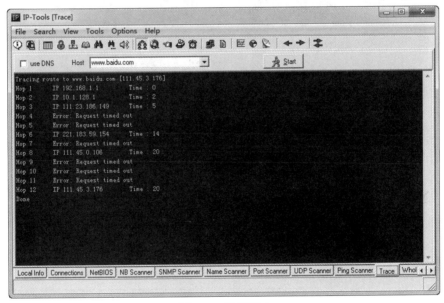

图 3-31　追踪路由

3.3　路径信息提示工具：Pathping 命令

路径信息显示本地计算机到远程网站之间经过哪些路由器，通过分析路径信息，网络管理员可以掌握网络中哪些路由器存在问题，以及网络质量如何等信息。

Pathping 工具提供有关在源和目标之间的中间跃点处，网络滞后和网络丢失的信息。Pathping 在一段时间内将多个回响请求消息发送到源和目标之间的各个路由器，然后根据各个路由器返回的数据包计算结果。因为 Pathping 可以表示在任何特定路由器或连接处的数据包的丢失程度，所以用户可以根据这些信息确定存在网络问题的路由器或子网。

pathping 工具是一个路由跟踪工具，它将 ping 命令和 tracert 命令的功能与这两个工具所不能提供的其他信息结合起来，综合了二者的功能。

3.3.1 Pathping 命令格式及参数

PathPing 命令的格式为：

```
pathping [-g host-list] [-h maximum_hops] [-i address] [-n] [-p period] [-q num_queries] [-w timeout] [-4] [-6] target_name
```

用户可以通过在命令提示符下运行 PathPing 或"PathPing/？"命令来查看 PathPing 命令的格式及参数，如图 3-32 所示。各种参数的含义如下表 3-2 所示。

图 3-32　Pathping 格式及参数

表 3-2　PathPing 命令参数的含义

参数	含义
-g host-list	与主机列表一起的松散源路由
-h maximum_hops	搜索目标的最大跃点数
-i address	使用指定的源地址
-n	不将地址解析成主机名
-p period	两次 Ping 之间等待的时间（以毫秒为单位）
-q num_queries	每个跃点的查询数
-w timeout	每次回复等待的超时时间（以毫秒为单位）
-4	强制使用 IPv4
-6	强制使用 IPv6

　　注意: Pathping 参数是区分大小写的,为降低突发丢失所造成的影响,发送 Ping 信号不要过于频繁。使用 -P 参数时,Ping 将单独发送到各个中间跃点。因此,向同一跃点发送 Ping 命令的时间是隔为 Period 乘以跃点数。

3.3.2　显示本地计算机与服务器之间的路径信息

　　我们以百度为例,在"命令行提示符"窗口中,输入 Pathping –n www.baidu.com,按 Enter 键,显示如图 3-33 所示的运行结果。

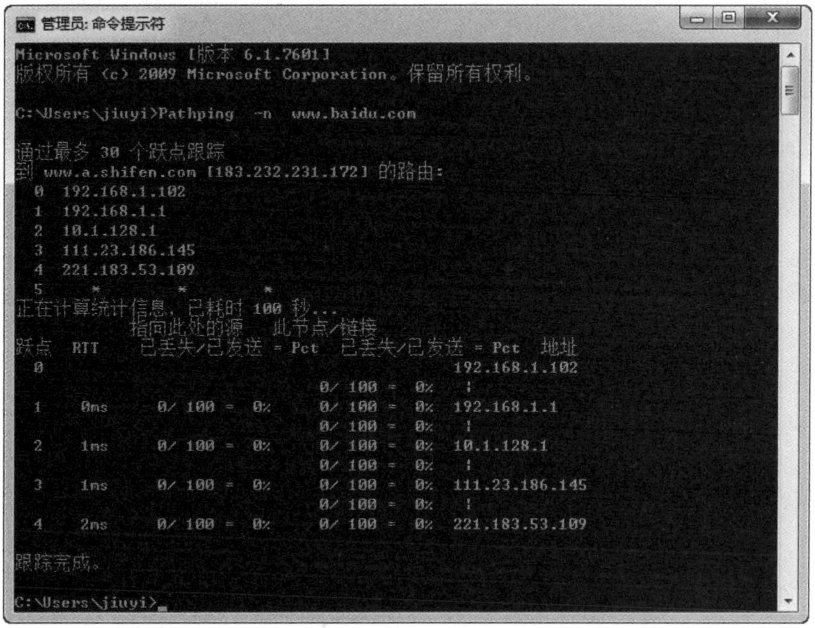

图 3-33　显示本地计算机和服务器之间的路径信息

　　Pathping 首先显示路径信息,然后显示信息的繁忙情况,显示时间随着跃点数的变化而变化。在此期间,会从列出的所有路由器及其连接之间收集相关的信息。

　　在地址列中所显示的连接丢失速率(以垂直线"|"表示)表明造成路径上转发的数据包丢失的链路处于堵塞状态。路由器显示的丢失速率(由 IP 地址标识)表明这些路由器可能已经超载。

　　在图 3-33 中显示时间大约 100 秒,192.168.1.5 与 192.168.1.1 之间的链接丢失了 13% 的数据包,跃点数 1 和 2 的路由器也丢失了发送到它们的数据包,但这种丢失不会影响它们转发通信的能力。

3.3.3　显示连接到远程网关的路径信息

　　保证远程网关的畅通是网络管理员工作实践中的重要内容,我们可以使用 Pathping 命令来显示连接到远程网关的路径信息,以此来判断网络的通畅性和质量,具体操作步骤如下:

　　在"命令行提示符"窗口中,输入 Pathping –n 10.1.128.1,按 Enter 键,显示如图 3-34 所示的运行结果。

图 3-34　显示连接到远程网关的路径信息

在图 3-34 中显示时间大约 50 秒，192.168.1.102 与 192.168.1.1 之间的链接没有数据包丢失，但是跃点数 1 和 2 的路由器丢失了发送到它们的数据包。

3.4　测试网络路由路径工具：Tracert 命令

网络路由路径是指数据包到达目标主机所经过的路径（路由器），并显示到达每个节点（路由器）的时间。通过分析网络路由路径信息，网络管理员可以了解本地计算机到远程主机经过了哪些地方，花费了多少时间。

Tracert 是 Windows 操作系统自带的命令，该命令通过递增生存时间（TTL）的值将 Internet 控制消息协议（ICMP）回应数据包或 ICMPv6 消息发送给目标，确定到达目标主机的路径。路径将以列表的形式显示，其中包含源主机与目标主机之间路径中路由器的近侧接口。与 Pathping 相比，Tracert 命令比较适用于大型网络。

3.4.1　Tracert 命令格式及参数

Tracert 命令的格式为：

```
Tracert [-d] [-h maximum_hops] [-j host-list] [-w timeout][-R] [-S srcaddr] [-4] [-6]
target_name
```

用户可以通过在命令提示符下运行"tracert / ？"命令来查看 Tracert 命令的格式及参数，如图 3-35 所示，各种参数的含义如下表 3-3 所示。

表 3-3　Tracert 命令参数的含义

参数	含 义
-d	不将地址解析成主机名
-h maximum_hops	搜索目标的最大跃点数

参数	含义
-w timeout	等待每个回复的超时时间（以毫秒为单位）
-R	跟踪往返行程路径（仅适用于 IPv6）
-S srcaddr	要使用的源地址（仅适用于 IPv6）

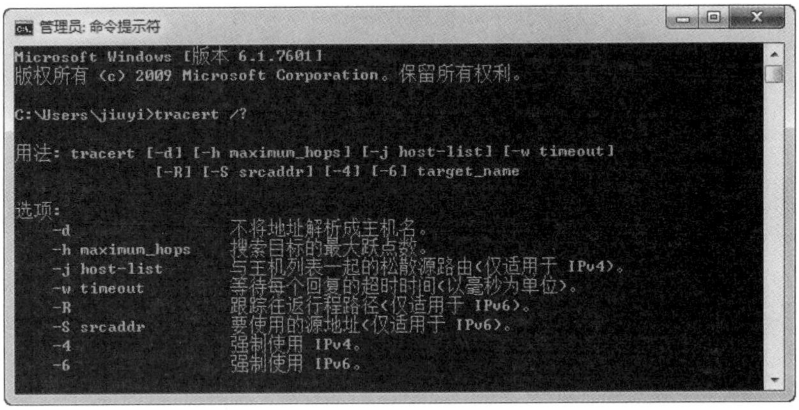

图 3-35　Tracert 命令的格式及参数

3.4.2　跟踪网站路由

Tracert 命令通过跟踪目标主机的方式，确定到目标主机所需的路径。当网络出现故障时，使用 Tracert 命令可以确定出现故障的具体位置，找出在经过哪个路由时出现了问题，从而使网络管理员缩小排查范围。因此，它也是网络故障排除过程中常用的一款工具。

下面介绍使用 Tracert 命令查看指定网站的路由信息。在命令行提示符窗口中，输入"Tracert www.hao123.com"，按 Enter 键，其显示结果如图 3-36 所示。

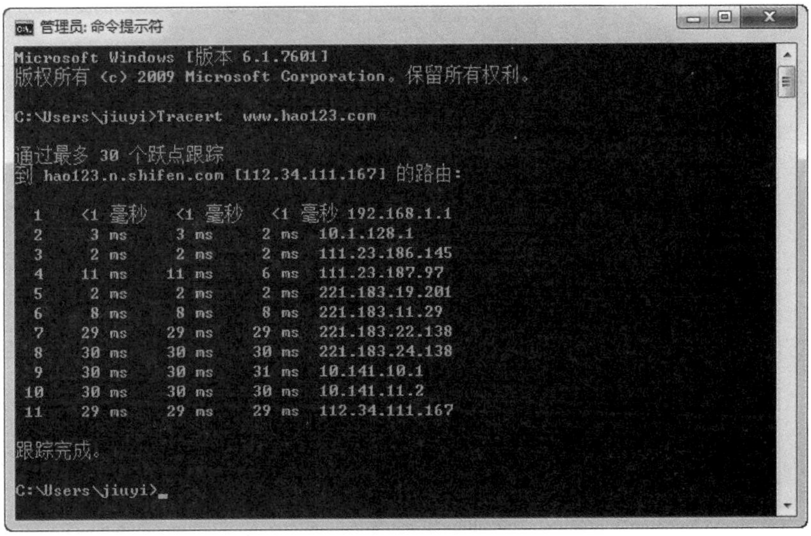

图 3-36　跟踪路由

默认情况下，Tracert 可以显示 30 条记录。当 ICMP 数据包从本地计算机经过多个网关传送到目的主机时，Tracert 命令可以跟踪数据包使用的路由（路径），但并不能保证或认为数据包总遵循这条路径。

注意：在使用 Tracert 命令检测网络的过程中，很可能会遇到连接超时（Request timed out）的提示信息，出现这种情况可能是由于当时网络稳定性差，也可能是由于所到达的路由器设置问题。如果连续 4 次都出现该提示信息，说明遇到的是拒绝 Tracert 命令访问的路由器。

3.5 IP 网络工具：WS_Ping ProPack

与 ping、Pathping、Tracert 属于 Windows 内置工具不同，WS_Ping ProPack 是一款第三方网络工具集，其中包含 ping、Lookup 等工具，可以给用户提供基本的网络信息，如用户、计算机主机名和子网掩码等。

在 WS_Ping ProPack 工具中执行相应的命令，网络管理员能够全面地掌握目前的网络情况，避免需要同时调用不同的工具才能完成任务，提高了工作效率。

3.5.1 查询远程主机的 IP 地址

WS_Ping ProPack 可以查询网络中某台主机的各种信息，如名称、IP 地址等，不仅可以测试对方计算机是否在线，还可以追踪连接用户的来源或确认某个 IP 地址或域名。

查询远程主机的 IP 地址操作如下：

（1）运行 WS_Ping ProPack，打开如图 3-37 所示的"WS_Ping ProPack"窗口，默认显示 About 选项卡，显示了当前计算机中的各种基本数据。

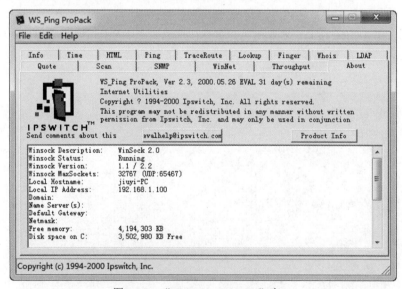

图 3-37   "WS_Ping ProPack"窗口

（2）选择 Info 选项卡，在"Host Name or IP"组合框中输入远程主机的计算机名或 IP 地址。例如，查看网站 www.baidu.com 的信息，在"Host Name or IP"组合框输入要查询的域名，单击"Start"按钮，即可开始查询，如图 3-38 所示，在"IP Addresses"列表框中显示该网站的 IP 地址。

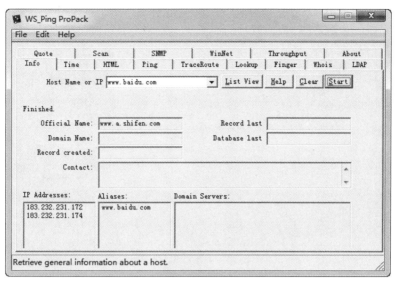

图 3-38　查询远程主机的 IP 地址

3.5.2　测试与网站的连接

WS_Ping ProPack 还可以测试与网站的连接，并可显示网站首页的源代码。例如，要查看百度网站的网页的源代码。

【实验 3-8】测试与百度网站的连接并显示网页源代码

具体操作如下：

（1）运行 WS_Ping ProPack，在"WS_Ping ProPack"窗口中，选择"HTML"选项卡，在"URL"文本框中输入百度网站 http://www.baidu.com，选中"Formatted"单选按钮，如图 3-39 所示。

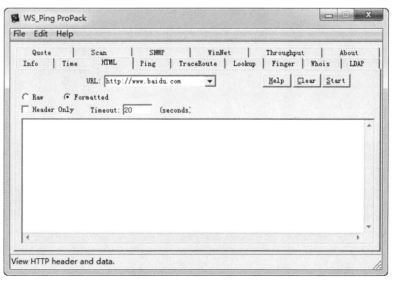

图 3-39　"HTML"选项卡

（2）单击"Start"按钮，网页源代码就会显示在下面的列表框中，包括文件头（Header）、HTTP 版本、服务器版本和网页更新时间等信息，如图 3-40 所示。

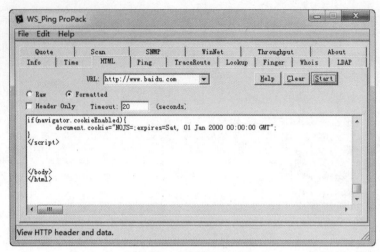

图 3-40   显示网页源代码

3.5.3   更加详细直观的 Ping 功能

通常情况下，用户会在 Windows 系统的命令提示符中执行 Ping 命令，而 WS_Ping ProPack 的 Ping 功能可以通过窗口界面执行 Ping 命令，并且显示的结果更加详细、直观。

在"WS_Ping ProPack"窗口中，选择"Ping"选项卡，在"Host Name or IP"组合框中输入要 Ping 的计算机名或 IP 地址，如 192.168.1.105。在"Count"微调框中设置发送的 ICMP 数据包的个数，默认为 5 个。在"Size"微调框中设置 ICMP 包的大小，默认为 56B。在"Delay"微调框中设置延迟时间，在"Timeout"微调框中设置超时时间，设置完成，单击"Start"按钮，开始 Ping 该地址，并在列表框中显示所收到的响应信息，如图 3-41 所示。

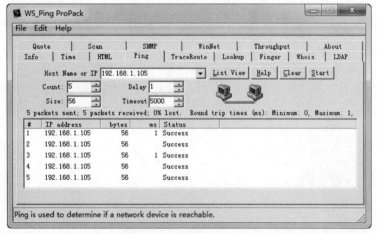

图 3-41   "Ping"选项卡

3.5.4   追踪路由功能

WS_Ping ProPack 的 TraceRoute 功能与 Windows 系统中的 Tracert 命令相似，都是从本地计算机到达目的地址时所经过的路由，不同的是在 WS_Ping ProPack 中可以设置追踪路由的条件，同时可以更加直观显示路由状况。

在"WS_Ping ProPack"窗口中，选择"TraceRoute"选项卡，在"Host Name or IP"组合框中输入要追踪的网址或 IP 地址，在"Maximum HopCount"文本框中设置最大跳跃数。在"Timeout"微调框中设置超时时间，设置完成，单击"Start"按钮，即可开始追踪该地址，并在列表框中显示出所经过的每个结点及结点的名称或 IP 地址，如图 3-42 所示。

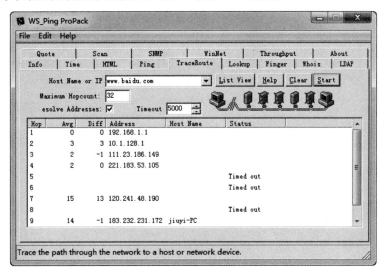

图 3-42　追踪路由

3.5.5　DNS 查询功能

Nslookup 用于查询 DNS 的记录，查询域名解析是否正常，在网络故障时用来诊断网络问题。在 WS_Ping ProPack 中集成了 nslookup 功能，该功能除了可以选择正查（forward resolve）或反查（reverse resolve）外，还可以指定 DNS 服务器或查询的方式（query type），并将查询到的结果详细地显示在窗口中。

在"WS_Ping ProPack"窗口中，选择"Lookup"选项卡，在"Name or IP Address"组合框中输入要查询的主机域名或 IP 地址，在"DNS Server"下拉列表中可自行指定或直接使用计算机的默认值。在"Query Type"下拉列表中选择查询类型，这里选择 A（address from name），表示将域名转换为 IP 地址。设置完成后，单击"Start"按钮，即可开始查询该网站的信息，如图 3-43 所示。

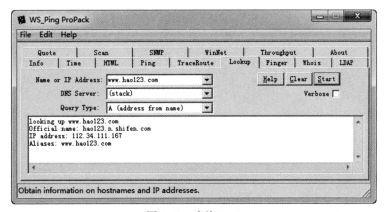

图 3-43　查询 DNS

3.5.6　查询局域网共享

使用 WS_Ping ProPack 局域网共享查询功能，可以查看本地局域网中的共享资源，查询局域网内使用 Windows 系统的计算机名与共享情况。与前面介绍的 IP-Tools 相比，功能比较简单，适用于简单的局域网共享查询。

在"WS_Ping ProPack"窗口中，选择"WinNet"选项卡，在"Network Items"下拉列表中选择要查询的计算机范围，如 domains、networks、Servers 和 Shares，或选择 all 以查询所有域或组。设置完成后，单击"Start"按钮，即可开始搜索，搜索结果包括各计算机的计算机名和共享文件夹名称等，如图 3-44 所示。

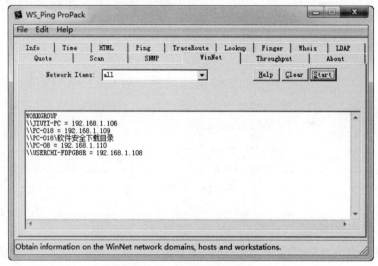

图 3-44　查询局域网共享

第 4 章

网络搜索和协议分析工具

一般情况下，在局域网中存在很多计算机、共享资源以及大量的IP地址和开放的端口等信息。为了能够充分了解并管理这些信息，网络管理员需要借助相关的网络查看和搜索工具来实现这一目的。虽然前面章节中介绍的工具也有网络搜索功能，但是搜索功能并不强大，本章将着重介绍一些专业的网络搜索工具。

同时，许多网络管理员在故障发生前，往往对潜在的危机懵然无知；而一旦故障发生，又往往束手无策。借助网络协议分析工具，可以对网络中传输的数据进行有效地捕捉和分析，从而尽早发现可能的威胁，迅速判断故障的根源。

本章主要介绍网络查看搜索工具和协议分析工具的使用方法，如 LanSee、IPBook、LAN Explorer、Ethereal、Ether Peek 等。

4.1　网络搜索工具

借助搜索工具，网络管理员可以根据需要查找网络中的工作组、客户端、服务器和共享资源，掌握网络中可用的网络资源，实现有效的管理。

本节主要介绍局域网搜索工具（LanSee）、超级网络邻居 IPBook 工具、局域网搜索工具 LAN Explorer 和局域网超级工具 NetSuper 的使用方法，其中 LanSee 是一款专门的搜索工具，IPBook 是一款小巧的搜索工具，能扫描 FTP 共享资源；LAN Explorer 能扫描出局域网所有的服务器；NetSuper 可以指定扫描范围和类型。

4.1.1　局域网搜索工具：LanSee

局域网搜索工具（LanSee）是一款对局域网上的各种信息进行查看的工具。它集成了局域网搜索功能，可以快速搜索出计算机（包括计算机名、IP 地址、MAC 地址、所在工作组、用户），共享资源，共享文件；可以捕获各种数据包，甚至可以从流过网卡的数据中嗅探出 QQ 号码等文件。

【实验 4-1】使用 LanSee 工具查看当前局域网的重要信息

具体操作步骤如下：

（1）下载并运行局域网查看工具，打开"局域网查看工具"窗口，如图 4-1 所示。

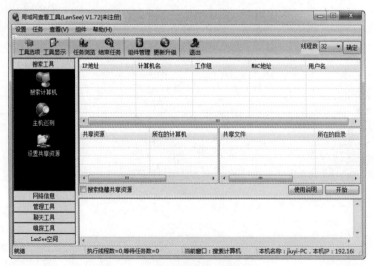

图 4-1　"局域网查看工具"窗口

（2）单击工具栏中的"工具选项"按钮，打开"选项"对话框，选择"搜索计算机"选项卡，在其中设置扫描计算机的起始 IP 和结束 IP 地址段等属性，如图 4-2 所示。

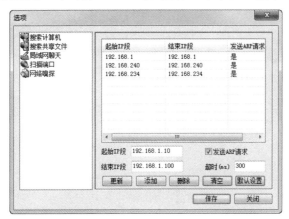

图 4-2　"搜索计算机"选项卡

（3）选择"搜索共享文件夹"选项卡，在其中添加或删除文件类型，如图 4-3 所示。

图 4-3　"搜索共享文件"选项卡

（4）选择"局域网聊天"选项卡，在其中设置聊天时使用的用户名和备注，如图 4-4 所示。

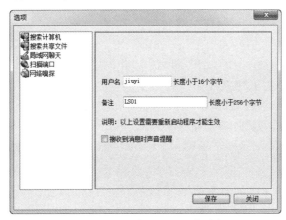

图 4-4　"局域网聊天"选项卡

（5）选择"扫描端口"选项卡，在其中设置要扫描的 IP 地址、端口、超时等属性，如图 4-5 所示。

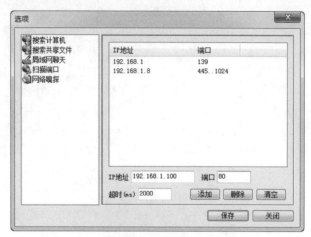

图 4-5　"搜索共享文件"选项卡

（6）选择"网络嗅探"选项卡，在其中设置捕获数据包参数，设置完成后，单击"保存"按钮，如图 4-6 所示。

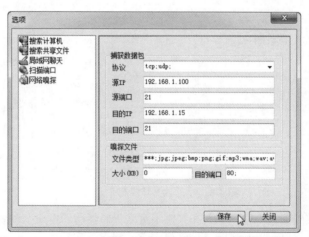

图 4-6　"网络嗅探"选项卡

（7）在"局域网查看工具"窗口中，单击"开始"按钮，即可搜索出指定 IP 段内的主机，在其中即可看到各个主机的 IP 地址、计算机名、工作组、MAC 地址等属性，如图 4-7 所示。

（8）如果想与某个主机建立连接，例如我们要与 IP 地址为 192.168.1.105，计算机名为 WINDOWS10 的主机建立连接，就可以在搜索到的主机列表中选择该主机，在弹出的快捷菜单中选择"打开计算机"命令，如图 4-8 所示。

打开"Windows 安全"对话框，在其中输入该主机的用户名和密码后，单击"确定"按钮才可以与该主机建立连接。

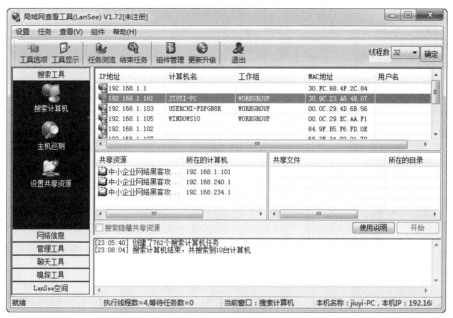

图 4-7　搜索结果

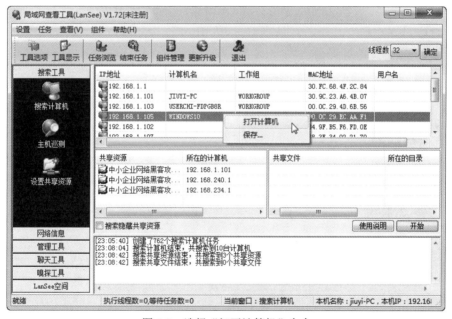

图 4-8　选择"打开计算机"命令

（9）在"搜索工具"区域中，单击"主机巡测"按钮，打开"主机巡测"窗口，单击其中的"开始"按钮，即可搜索出在线的主机，如图 4-9 所示。

"主机巡测"功能非常实用，通过它我们可以随时掌握局域网络内的主机使用情况，长期的数据积累下来，我们就会了解到网络使用的规律。

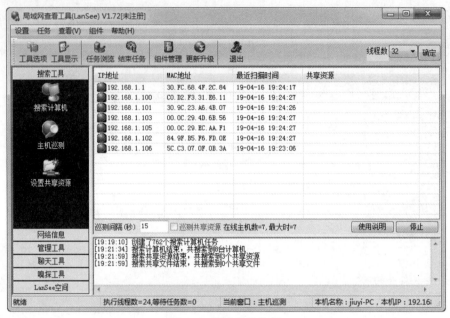

图 4-9　搜索在线主机

（10）在"搜索工具"区域中，单击"设置共享资源"按钮，打开"设置共享资源"窗口，单击"共享目录"文本框后的 ... 按钮，如图 4-10 所示。

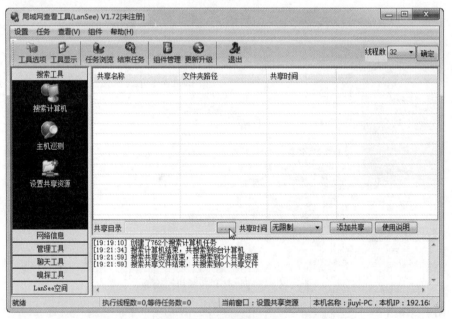

图 4-10　设置共享资源

（11）在弹出的"浏览文件夹"对话框中，选择需要设置为共享文件的文件夹后，单击"确定"按钮，如图 4-11 所示。

图 4-11　单击"确定"按钮

（12）在"设置共享资源"窗口中，单击"添加共享"按钮，即可看到前面添加的共享文件夹，如图 4-12 所示。

提示：共享文件的功能提高了企业的办公效率，是企业局域网中不可或缺的功能；但是，由于共享文件夹管理不当，也会带来一些安全上的风险，例如某些文件莫名其妙的被删除或修改；另外共享文件也会成为病毒和木马的载体。

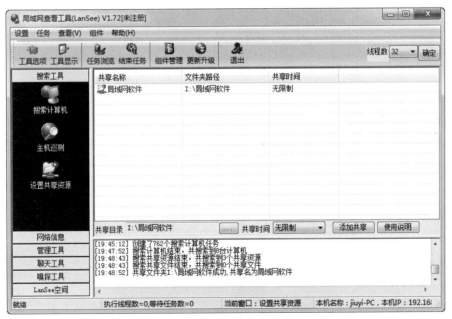

图 4-12　添加共享文件夹

（13）在"搜索计算机"窗口的"共享文件"列表框中，选择要复制的文件，单击鼠标右击，在弹出的快捷菜单中选择"复制文件"命令，如图 4-13 所示。

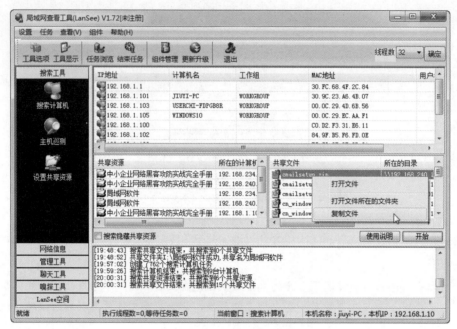

图 4-13　选择"复制文件"命令

（14）在弹出的"建立新的复制任务"对话框中，设置存储目录，选中"立即开始"复选框，然后单击"确定"按钮，如图 4-14 所示，即可开始复制选定的文件。

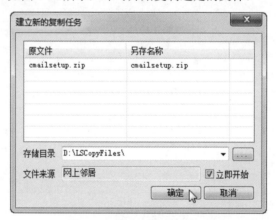

图 4-14　单击"确定"按钮

4.1.2　超级网络邻居：IPBook 工具

　　IPBook（超级网络邻居）是一款小巧的搜索共享资源及 FTP 共享工具，软件自解压后就能直接运行。与 LanSee 相比，IPBook 无需安装，操作简单，同时支持局域网内短信群发功能。

　　【实验 4-2】使用超级网络邻居 IPBook 工具扫描某一个网段并对结果进行指定操作

　　具体操作步骤如下：

　　（1）运行 IPBook，打开"IPBook（超级网络邻居）"窗口，自动显示本机的 IP 地址和计算机名，如图 4-15 所示。

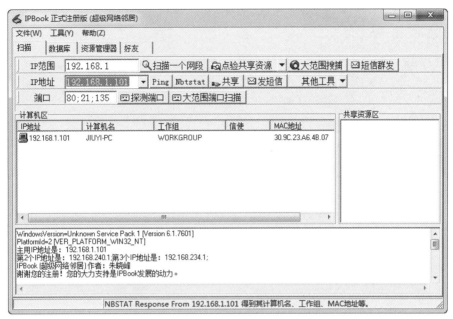

图 4-15　显示本机的 IP 地址和计算机名

（2）在"IPBook（超级网络邻居）"窗口中，单击"扫描一个网段"按钮，即可显示本机所在的局域网所有在线计算机的详细信息，如图 4-16 所示。

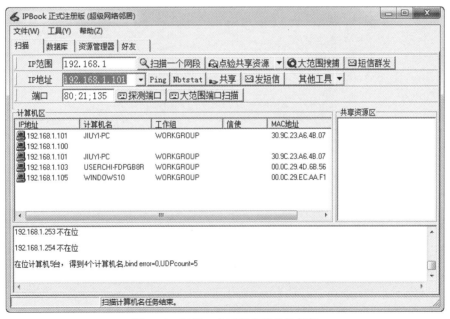

图 4-16　扫描一个网段在线的计算机

（3）在显示出所有计算机信息后，单击"点验共享资源"按钮，即可查出本网段计算机的共享资源，并将搜索结果显示在右侧的树状显示框中，如图 4-17 所示。

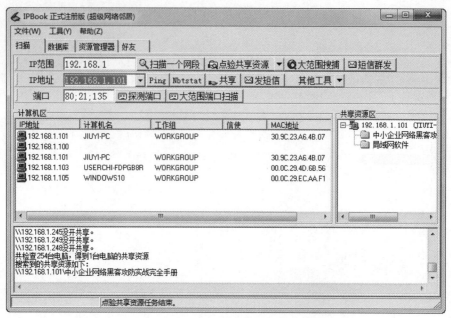

图 4-17 查看本网段计算机的共享资源

（4）在"IPBook（超级网络邻居）"窗口中，单击"短信群发"按钮，弹出如图 4-18 所示的"短信群发"对话框，输入相应的内容，单击"发送"按钮即可。

图 4-18 单击"发送"按钮

（5）在"计算机区"列表框中选择某台计算机，单击"Ping"按钮，即可在"IPBook（超级网络邻居）"窗口中看到该命令的运行结果，如图 4-19 所示。

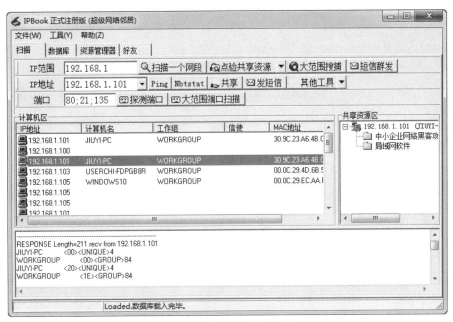

图 4-19　查看指定计算机的信息

（6）在"计算机区"列表框中选择某台计算机，单击"Nbtstat"按钮，即可在"IPBook（超级网络邻居）"窗口中看到该主机的计算机名称，如图 4-20 所示。

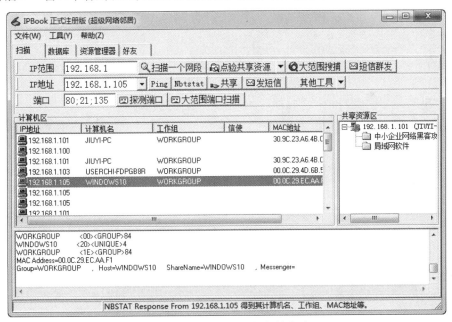

图 4-20　查看指定计算机的名称

（7）单击"共享"按钮，即可对指定的网络段的主机进行扫描，并把扫描到的共享资源显示出来，如图 4-21 所示。

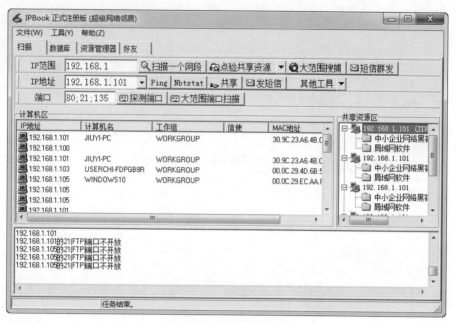

图 4-21　扫描共享资源

（8）在"IPBook（超级网络邻居）"窗口中，单击"其他工具"按钮，在弹出的快捷菜单中选择"域名、IP 地址转换"→"IP->Name"命令，即可将 IP 地址转换为域名，如图 4-22 所示。

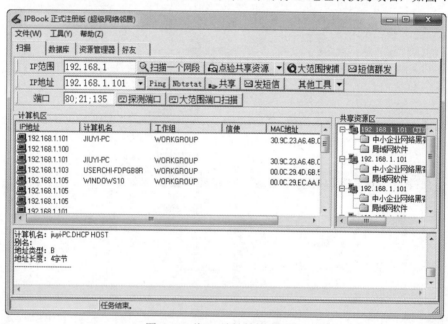

图 4-22　将 IP 地址转换为域名

（9）在"IPBook（超级网络邻居）"窗口中，单击"探测端口"按钮，即可探测整个局域网中各个主机的端口，同时将探测的结果显示出来，如图 4-23 所示。

图 4-23　探测端口

（10）单击"大范围端口扫描"按钮，打开"扫描端口"对话框，选中"IP 地址起止范围"单选按钮后，设置要扫描的 IP 地址范围，如图 4-24 所示。

图 4-24　"扫描端口"对话框

（11）单击"开始"按钮，即可对设定 IP 地址范围内的主机进行扫描，同时将扫描到的主机显示在列表中。

提示：在使用 IPBook 工具的过程中，还可以对该软件的属性进行设置。

4.1.3　局域网搜索工具：LAN Explorer

局域网搜索工具 LAN Explorer 能方便快捷地搜索、浏览局域网资源，可以按照工作组或 IP

地址段自动搜索所有共享的文件，能对某一地址范围内的主机进行 Ping 操作，端口扫描操作，找出所有的 Web 服务器、FTP 服务器等。

与 LanSee、IPBook 相比，LAN Explorer 侧重于文件搜索和服务器搜索，适用于安装有 Web 和 FTP 等服务器的环境中。

我们来了解一下 LAN Explorer 的基本操作，具体的操作步骤如下：

（1）打开 LAN Explorer 软件窗口，单击"搜索设置"按钮，如图 4-25 所示。

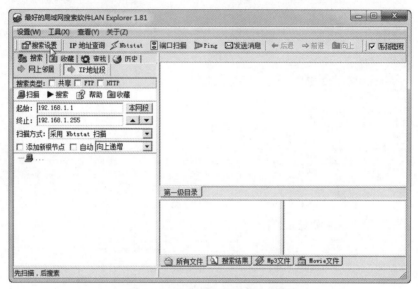

图 4-25　单击"搜索设置"按钮

（2）在弹出的"有关设置"对话框中，选择"文件过滤"选项卡，设置想要查找的文件类型，如图 4-26 所示，然后单击"添加"按钮，即可将搜索类型添加到列表中。

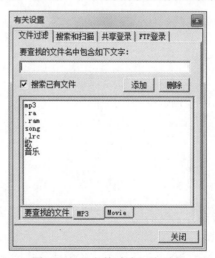

图 4-26　"文件过滤"选项卡

（3）选择"搜索和扫描"选项卡，设置搜索线程和超时时间，如图 4-27 所示。

（4）选择"共享登录"选项卡，默认情况下用户名为 guest，密码为空，单击"修改"按钮，可以修改用户名和密码，同时，选中"访问未设置密码的主机的默认共享"复选框，可以搜索网络中没有设置密码的默认共享，如图 4-28 所示。

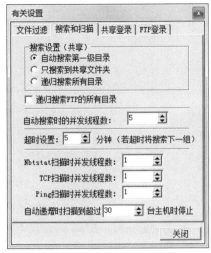

图 4-27　"搜索和扫描"选项卡

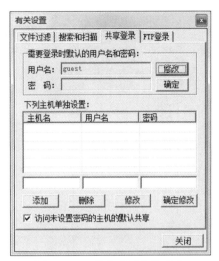

图 4-28　"共享登录"选项卡

（5）选择"FTP 登录"选项卡，设置登录 FTP 服务器的用户名和密码。设置完成后，单击"关闭"按钮，关闭"有关设置"对话框。

（6）在"局域网搜索软件 LAN Explorer"窗口中，选择"IP 地址段"选项卡，设置起始 IP 地址、终止 IP 地址，并设置扫描方式，单击"扫描"按钮，局域网搜索软件即开始扫描指定网段范围内的计算机，如图 4-29 所示。

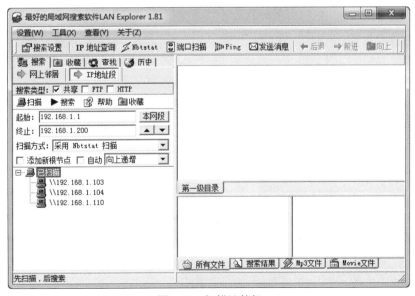

图 4-29　扫描计算机

（7）在"局域网搜索软件 LAN Explorer"窗口中，单击"搜索"按钮，设局域网搜索软件即开始搜索共享的文件，如图 4-30 所示。

提示：局域网搜索软件 LAN Explorer 除了搜索局域网中的共享资源外，还可以查询 IP 地址、TCP 端口扫描、Nbstat、Ping、发送消息等功能。限于篇幅，在此不再赘述。

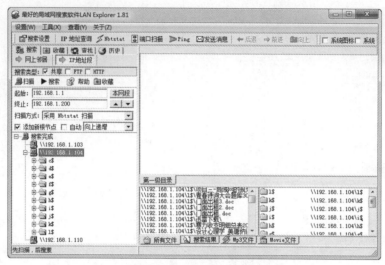

图 4-30　搜索共享资源

4.1.4　强大的共享资源、扫描工具：NetSuper

NetSuper 是一款功能强大的网络共享资源扫描工具，可以在局域网中快速扫描计算机上的共享资源，并且还可以单独扫描指定的安装 SQL Server 数据库的服务器、打印服务器。

与 LanSee、IPbook、LAN Explorer 相比，NetSuper 搜索速度更快，而且支持搜索 SQL Server 数据库。

1. 搜索计算机

运行 NetSuper 软件，打开"NetSuper"窗口，单击"搜索计算机"按钮，软件会自动搜索局域网内的活动计算机，并显示每个计算机的 IP 地址、计算机描述、所属域 / 工作组及计算机的 MAC 地址等信息，如图 4-31 所示。

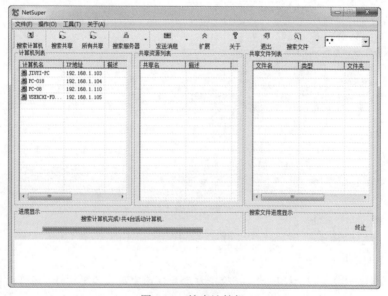

图 4-31　搜索计算机

2．搜索共享

在计算机列表中，选择一台或多台计算机，然后单击"搜索共享"按钮，即可自动搜索这些计算机的共享目录，并将搜索出来的结果显示在"共享资源列表"列表框中，如图 4-32 所示。

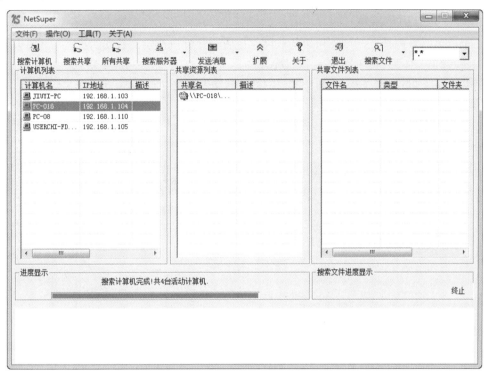

图 4-32　搜索共享资源

3．搜索所有共享

在"NetSuper"窗口中，单击"所有共享"按钮，软件会自动搜索所有计算机的共享资源，并将结果显示在共享资源列表中。

4．搜索文件

在"NetSuper"窗口中，搜索内容文本框中，输入想要搜索的内容，然后单击"搜索文件"按钮，即可开始进行搜索。

4.2　网络协议分析工具

网络分析诊断以网络原理、网络配置和网络运行的知识为基础，从故障现象出发，以网络诊断工具为手段获取诊断信息，确定网络故障点，查找问题的根源，排除故障，恢复网络正常运行。

根据众多的网络故障分析，发现产生网络故障的原因有一部分是网络协议出错，因此，网络管理员可以通过网络协议分析工具提前判断和排除网络故障。

本节主要介绍两款常用的网络协议分析工具：Ethereal 和 EtherPeek，其中，Ethereal 侧重于捕获相关网站的数据包来分析，而 EtherPeek 功能更加强大，结果显示更加形象。

4.2.1 网络协议检测工具：Ethereal

Ethereal 是一款免费的网络检测工具，使用该工具可以抓取运行网站的相关资讯，方便查看、监控 TCP session 动态等。

1. 捕获并分析数据包

Ethereal 具有数据捕获功能，可以捕获网络中各个计算机传输的数据，管理员通过查看并分析所捕获的数据，即可了解网络的运行状况。

【实验 4-3】利用指定网卡来捕获本地网络的传输数据

具体操作步骤如下：

（1）运行 Ethereal 工具，打开如图 4-33 所示的"Ethereal"窗口，通过该窗口即可捕获网络中的数据并进行分析。

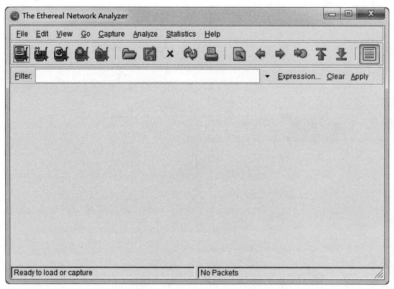

图 4-33 "Ethereal"窗口

（2）单击"Capture"→"Interfaces"命令，打开如图 4-34 所示的"Capture Interfaces"对话框。该对话框中显示了本地计算机上所安装的网卡、网卡的 IP 地址、传输的包数量（Packets）及包的传输速率（Packets/s）等信息。

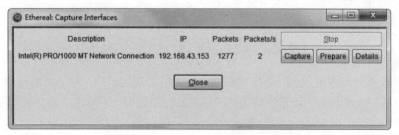

图 4-34 "Capture Interfaces"对话框

（3）如果要捕获数据，必须先选择一个用来捕获数据的网卡，单击欲捕获数据的网卡右侧的 Capture 按钮，Ethereal 便开始利用此网卡来监控本地网络，打开如图 4-35 所示的对话框，其中显示了各种协议所占的百分比。

图 4-35　显示协议所占百分比

（4）单击"Stop"按钮即可停止捕获，捕获到的所有数据显示在 Ethereal 窗口中，其中包括源地址（Source）、目标地址（Destination）、使用的协议（Protocol）及该数据包的简单信息（Info）等，如图 4-36 所示。

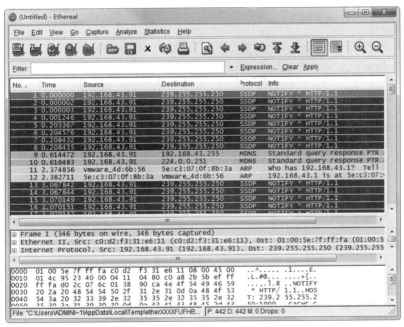

图 4-36　捕获结果

图 4-36 中是 Ethereal 对一个 SSDP 数据包进行分析时的情形。最上边的数据包列表中，显示了被截获的数据包的基本信息。从图中可以看出，当前选中数据包的源地址是 192.168.43.91，目的地址为 239.255.255.250，该数据包所属的协议是简单服务发现协议（SSDP，Simple Service Discovery Protocol）。

中间是协议树，通过协议树可以得到被截获的数据包的更多信息，如主机的 MAC 地址（Ethernet II）等。通过扩展协议树中的相应节点，可以得到该数据包中携带的更详尽的信息。

最下边是以十六制显示的数据包的具体内容，这是被截获的数据包在物理媒体上传输时的最终形式，当在协议树中选中某行时，与其对应的十六进制代码同样会被选中，这样就可以很方便地对各种协议的数据包进行分析。

提示：如果需要重新捕获数据，单击"Capture"→"Start"命令即可。

2. 过滤数据包

在捕获数据时，Ethereal 会将所有协议的数据包都捕获下来，但并不是所有的数据包都是所需要的，因此要将所需要的数据包过滤出来。

在捕获完数据后，需要分析使用 HTTP 的数据包，可在 Filter 文本框中直接输入 IP，单击 Apply 按钮，即可在该窗口中将使用 IP 的数据包全部过滤出来，而使用其他协议的数据包将全部隐藏，如图 4-37 所示。

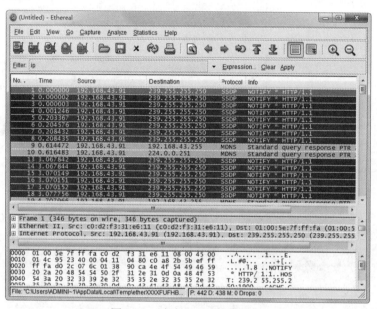

图 4-37 过滤 HTTP 的数据包

除了直接输入要过滤的条件，所有的过滤器（Filter）都可以进行设置，单击 Expression 按钮，打开如图 4-38 所示的"Ethereal: Filter Expression"对话框，可以设置要过滤的各种条件。

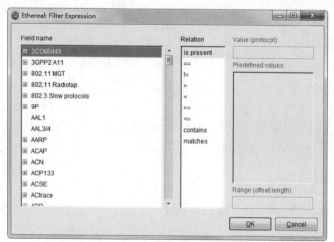

图 4-38 "Ethereal: Filter Expression"对话框

在 Field Name 列表框中可以选择要过滤的字段名，也就是要过滤的各种协议条件，如 HTTP、IP 等，将其展开可以选择详细的字段；在 Relation 列表框中选择可使用的关系；Value 文本框用来设置数值，如 IP 地址等。

提示：在 Filter 组合框中输入过滤值时，如果背景是绿色，说明所输入的 Filter 值的格式是正确的；如果背景显示为红色，则说明所设定的 Filter 值不是 Ethereal 允许的值。利用这个特点可以判断所输入的过滤器表达式是否正确。

3．保存常用过滤器

网络管理员会经常分析网络，并且经常使用各种过滤器过滤自己所需要的数据。如果有些过滤器要经常使用，但对一些复杂的过滤器记起来又太麻烦，这时可以将这些过滤器保存在 Ethereal 中，当以后再次使用时直接选择即可。

在"Ethereal"窗口中单击"Filter"按钮，打开如图 4-39 所示的"Ethereal Display Filter"对话框，单击"New"按钮可以添加一个新的过滤器，在 Filter name 文本框中输入过滤器的名称，在 Filter String 中设置过滤器的表达式，单击 Expression 按钮会打开"Ethereal：Filter Expression"对话框，可以设置过滤器的各种条件。

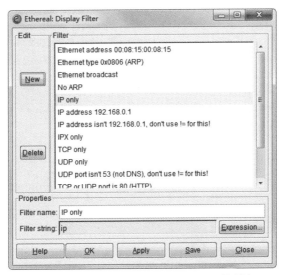

图 4-39　"Ethereal: Display Filter"对话框

当一个过滤器设置完成以后，单击"Save"按钮即可将其保存在 Filter 列表框中，网络管理员可以设置多个不同的过滤器，当以后需要使用同样的过滤器时，直接从过滤器列表中选择就可以了。

4．设置捕获参数

为了使 Ethereal 能够顺利捕获数据，必须对其进行一系列的设置。单击"Capture"→"Options"命令，打开如图 4-40 所示的"Ethereal: Capture Options"对话框。其中各选项的含义如下表 4-1 所示。

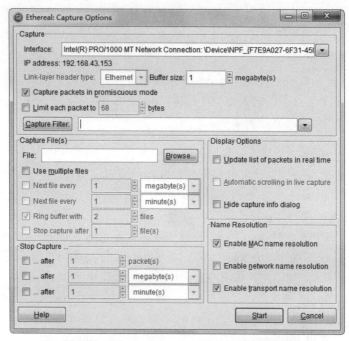

图 4-40 "Ethereal: Capture Options"对话框

表 4-1 Ethereal 工具其参数的含义

参数	含义
Interface	选择用来捕获数据的网卡
Buffer Size	设置缓冲区的大小，其单位为 MB，默认为 1MB
Capture Packets in Promiscuous mode	是否使用混杂模式捕获数据。一般取消选中该复选框，只捕获本地计算机中发送的数据包。如果选中该复选框则使用混杂模式，捕获所有数据包
Limit each Packet to	限制每个包的大小，默认为不限制
Capture Filter	设置过滤器

在 Capture File（s）选项区域中可以设置是否保存捕获的数据，如果要保存捕获的数据，可在 File 文本框中输入保存路径和文件名，设置完成后，单击"Capture"按钮，即可使用所做的设置捕获数据。

5．保存捕获数据

使用 Ethereal 捕获的数据可以帮助网络管理员分析网络状况，找出网络故障所在，并将捕获的数据保存起来，方便日后进行分析。

保存捕获数据的具体操作步骤如下：

（1）在"Ethereal"窗口中，单击"File"→"Save"命令，打开如图 4-41 所示的"Ethereal: Save file as"对话框，在"文件名"文本框中输入要保存的文件名，在"Packet Range"选项区域中可以选择要保存的数据范围，默认选中 All Packets 单选按钮，即保存所有数据包。

（2）单击"保存"按钮，所捕获的数据将被保存到一个文件中。如果想查看该数据，则可在"Ethereal"窗口中单击"File"→"Open"命令，打开保存的文件。

图 4-41 "Ethereal: Save File as"对话框

4.2.2 网络窥视者：Ether Peek

Ether Peek 是一个在数据包捕获过程中可以实时进行专业诊断和结构解码的网络协议分析器，可以帮助网络管理员分析和诊断日益加速变化的网络数据群，可以对现今网络面临的众多故障提供精确和最新的分析。

与 Ethereal 相比，Ether Peek 功能更加强大，操作界面友好，特别适合初学者使用。

1．查看网络状态

运行 Ether Peek 以后，在"Ether Peek"窗口下方会以仪表盘和消息的形式显示当前的网络状态，如图 4-42 所示。

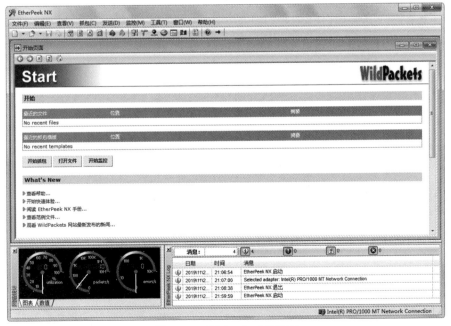

图 4-42 "Ether Peek"窗口

"Ether Peek"窗口下方有 3 个仪表盘，分别是 utilization（利用率）、Packets/s（数据包速度）和 Errors/s（错误率），显示网络当前的运行状况。其作用如表 4-2 所示。

表 4-2　"Ether Peek"窗口仪表盘的作用

参数	含义
Utilization%（利用率百分比）	该表盘显示了本地计算机当前的网络利用率，在表盘中央以绿色数字显示
Packets/s（每秒传输的数据包）	该表盘显示当前每秒钟传输了多少数据包，根据数据包速率可以得出网络上流量类型的一些重要信息
Errors/s（每秒产生的错误）	该表盘可显示当前出错率

在仪表盘下方有两个标签，单击"数值"（Value）标签，在这里显示网络中传输数据的一些详细信息，如图 4-43 所示。选项卡中不同参数及含义如表 4-3 所示。

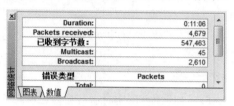

图 4-43　"数值"选项卡

表 4-3　"数值"选项卡参数的含义

参数	含义
Duration（持续时间）	记录 Ether Peek 运行的时间
Packets Received	所接收的数据包数量
已收到字节数（Bytes Received）	所接收的字节数
Multicast	网络中传输的组播放
Broadcast	网络中传输的广播数量

在"错误类型"（Error Type）列表框中显示了网络中的错误信息。仪表盘右侧是"消息"（Messages）列表框，这里记录了当前计算机的使用状况，其中包括 Ether Peek 的启动与退出。Ether Peek 记录报告及所使用过的网络连接。例如，当前所浏览过来的网页等，如图 4-44 所示。

	消息:		29	28	1	0	0
	日期	时间	消息				
	2019\11\2...	22:45:47	http://auto.ifeng.com.bxdns.com/a_if/190312/weicc/testv2.html from 192.168.43.153
	2019\11\2...	22:45:47	http://1371245.p23.tc.cdntip.com/iis/iis_v1_3.js from 192.168.43.153
	2019\11\2...	22:45:47	http://36.110.202.19/getcode?ap=21580&tp=1&w=366&h=112&dm=www.ifeng.com&cb=ii...
	2019\11\2...	22:45:47	http://36.110.202.19/getcode?ap=21615&tp=1&w=366&h=112&dm=www.ifeng.com&cb=ii...
	2019\11\2...	22:45:48	http://36.110.147.36/ask_service?callback=SOGOU_STAR_URL_CALLBACK&url=http%3...
	2019\11\2...	22:45:48	http://36.110.147.35/ask?id=536496&h=112&w=360&fv=23&if=1&sohuurl=http%3A%2F%...
	2019\11\2...	22:45:48	http://36.110.147.35/ct?id=536496&h=112&w=360&fv=23&if=1&sohuurl=http%3A%2F%2...
	2019\11\2...	22:45:49	http://big1.ifengcdn.com/s?z=ifeng&c=1&l=66629 from 192.168.43.153
	2019\11\2...	22:45:50	http://1341512.p23.tc.cdntip.com/a/2018/0920/injection.html?namespace=shank&appname...
	2019\11\2...	22:45:50	http://61.151.166.139/ from 192.168.43.153
	2019\11\2...	22:45:51	http://47.52.0.187/getsearchenginetn.php from 192.168.43.153

图 4-44　"消息"列表框

2. 网络监控

Ether Peek 具有网络监控功能，可以实时监控网络状态，网络管理员随时可以了解到网络有哪些计算机正在通信、各种协议的使用情况等信息。

【实验 4-4】监控当前网络的节点流量情况和协议信息并进行信息统计

具体操作步骤如下：

（1）在 Ether Peek 窗口中单击"监控（Monitor）"→"监控选项（Options）"命令，选择要使用的网络连接和监控的协议，如图 4-45 所示。然后在"开始页面（Start Page）"窗口中单击"开始监控（Start Monitor）"按钮，Ether Peek 便开始监控网络。

图 4-45　"监控选项"对话框

（2）单击"监控（Monitor）"→"节点（Nodes）"命令，打开如图 4-46 所示的"Node Statistics"窗口，在该窗口中显示了所捕获的网络中传输数据的各个节点，并记录了每个节点的传输信息，如 Total Bytes（字节总数）、Packets Sent（发送的包）、Packets Received（接收的数据包）、Broadcast/Multicast Packets（广播 / 组播数据包）。通过这些信息，网络管理员可以了解到当前网络中的流量情况。

Node	Total Bytes	Packets Sent	Packets Received	Broadcast/Multi...
IP-192.168.43.153	7,037,079	5,984	6,843	13
IP-118.180.31.154	3,123,623	2,036	1,403	0
IP-124.232.162.240	1,335,924	1,005	570	0
IP-36.110.202.19	340,439	335	332	0
IP-117.21.219.38	337,304	226	142	0
IP-113.142.52.158	313,153	209	113	0
connc.gj.qq.com	236,205	931	1,151	0
sslbdstatic.jomodns.com	224,521	195	104	0
IP-183.57.48.55	152,760	271	320	0
IP-192.168.43.1	114,115	361	140	0
IP-180.101.49.42	112,571	150	104	0
auto.ifeng.com.lxdns...	103,604	94	60	0
IP-192.168.43.255	86,301	0	273	
IP-183.36.108.16	74,594	175	205	0
wup.browser.qq.com	70,239	136	190	0
1371245.p23.tc.cdnti...	61,992	109	136	0
oss.suning.com.wscdn...	61,117	70	50	0

图 4-46　"Node Statistics"窗口

（3）单击"监控（Monitor）"→"协议（Protocols）"命令，打开如图4-47所示的"协议统计（Protocol Statistics）"窗口，这里列出了所捕获到的网络中所使用的各种协议信息，如各个协议的百分比、发送或接收的字节数和数据包数量等，网络管理员根据这些协议信息，便可了解到网络的运行状况。例如，当有黑客攻击或有蠕虫占用了大量网络资源时，网络管理员即可及时发现。

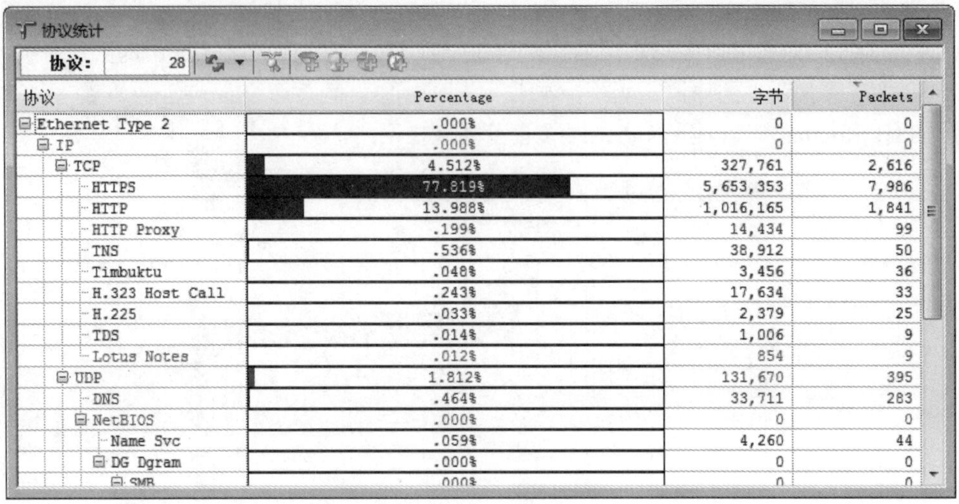

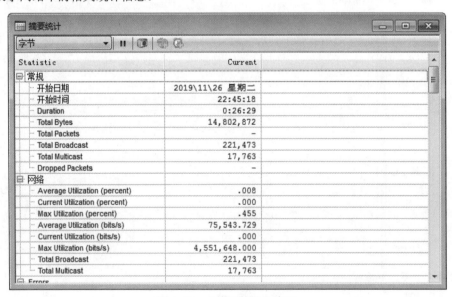

图4-47 "协议统计"窗口

（4）单击"监控（Monitor）"→"大小（Size）"命令，打开"Size Statistics"窗口，这里记录了网络中所传输的各种不同大小的数据所占的比例，并且以圆饼图形方式显示出来，不同大小的数据包分别用不同的颜色表示。

（5）单击"监控（Monitor）"→"摘要"命令，打开如图4-48所示的"摘要统计"窗口，这里记录了网络中的相关统计信息。

图4-48 "摘要统计"窗口

3．捕获并分析数据

在捕获数据前，先创建一个新的捕获。在 Ether Peek 窗口中默认会自动打开"开始页面"（Start Page）窗口，如图 4-49 所示。

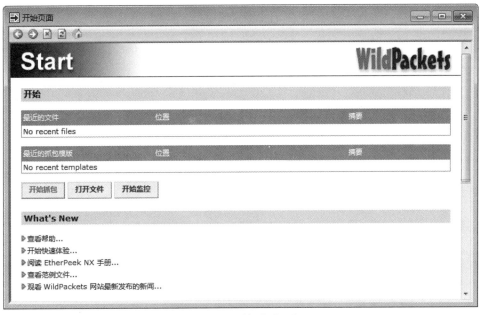

图 4-49 "开始页面"窗口

（1）单击"开始抓包"按钮，打开"抓包选项"对话框，在其中选择要监控的网络连接。在左侧列表中选择"过滤器"（Filters）选项，如图 4-50 所示。

图 4-50 选择"过滤器"（Filters）选项

（2）在左侧列表中选择"Statistics Output"选项，设置输出报告，如图 4-51 所示。在左侧列表中选择 Performance 选项，设置要显示的状态窗口，如图 4-52 所示。

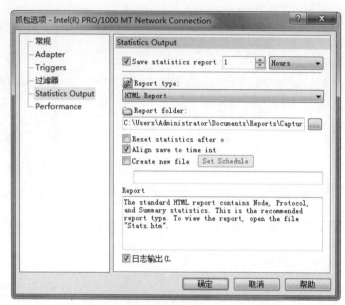

图 4-51 选择"Statistics Output"选项

图 4-52 选择"Performance"选项

（3）单击"确定"按钮，打开如图 4-53 所示的"Capture 1"窗口，这里用来显示捕获状态。

（4）单击"开始抓包"（Start Capture）按钮，Ether Peek 便会开始捕获网络中传输的数据，如图 4-54 所示。

提示：捕获数据时，在 Packets received 文本框中显示了所接收的数据包数量。Memory usage文本框中显示了内存使用率，Packets filtered 文本框中显示了过滤的数据包数量，Filter State 文本框中显示了数据包的过滤状态。从该窗口的列表框中可以看到数据包发送和接收的详细状态，如源地址（Source）、目标地址（Destination）、协议（Protocol）、概要信息（Summary）等。

图 4-53 "Capture 1"窗口

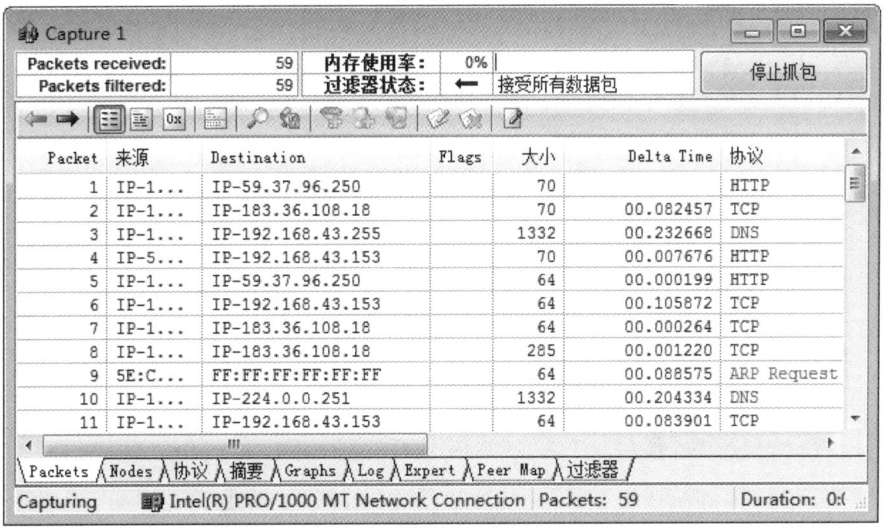

图 4-54 开始捕获数据

4．保存捕获结果

Ether Peek 的捕获结果对于网络管理员来说非常重要，通过分析捕获结果，网络管理员可以了解网络当前状况；如果网络有问题，可以迅速找到故障的原因。Ether Peek 的捕获结果可以在该软件中打开，网络管理员可以随时进行分析。

具体操作步骤如下：

（1）单击"文件（File）"→"保存所有数据包（Save All Packets）"命令，打开"另存为"对话框，即可将当前捕获结果保存成扩展名为 .pkt 的文件，如图 4-55 所示。该文件包括了本次捕获的所有信息，并且只有在 Ether Peek 中才可以打开。

图 4-55　"另存为"对话框

（2）单击"文件（File）"→"保存报告（Save Report）"命令，打开"Save Report"对话框，如图 4-56 所示。在"Report type"下拉列表中可以选择报告文件类型，如 HTML、XML 或 TXT 等格式的文件，一般会记录本次捕获的 Node、Protocol 和 Summary Statistics 等信息；在 Report folder 组合框中可以设置报告文件的保存路径。

（3）单击"Save"按钮保存即可，以后可以直接打开报告文件进行查看。

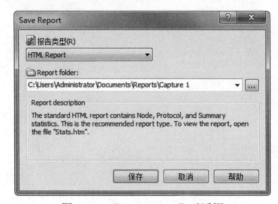

图 4-56　"Save Report"对话框

第 5 章

网络性能和带宽测试工具

运行中的网络每天都可能产生各种各样的网络问题，例如网络性能降低等。当网络性能下降时，网络服务质量也会随之下降，为了保证网络服务质量必须保证网络性能符合要求。因此，在网络的日常维护和管理过程中，需要时刻关注网络性能的变化，这些变化可以通过网络性能和带宽测试工具来检测完成。

本章主要介绍网络性能和带宽测试工具的工作原理和具体的使用方法，如 Qcheck、IxChariot、Ping Plotter 等。这些工具各有所长，同时它们也有着不同的适用场景，希望通过对这些工具的讲解，帮助读者建立起运用有效工具掌控网络性能的实用思维。

5.1　网络性能测试工具 Qcheck

网络性能是衡量网络布线系统和网络设备系统的基本因素，所有的网络规划、施工以及日常维护都是为了保证网络性能而展开的。因此，测试网络性能是网络的重要工作之一。不仅在网络建设完成后需要测试网络性能，在日常管理中也应时常进行网络性能的测试，以排除某些网络故障。

网络性能测试工具有很多，本节主要介绍 Qcheck 的使用方法。

5.1.1　测试 TCP 响应时间

Qcheck 是 NetIQ 公司开发的一款免费网络测试软件，称为"Ping 命令的扩展版本"，主要用来测试网络的响应时间和数据传输率。

Qcheck 的运行需要两台计算机，并分别安装 Qcheck。当测试时，只需要从一台客户端计算机向另一端计算机发送文件或测试命令即可。测试 TCP 响应时间可以得到完成 TCP 通信的最短、平均与最长时间等信息。

【实验 5-1】测试本地计算机到 IP 地址为 192.168.0.102 的目标计算机的 TCP 响应时间

具体操作步骤如下：

（1）在要测试的网络两端分别运行 Qcheck 程序，在 From Endpoint 1 组合框中选择 localhost 选项，即从本地计算机发送测试命令，在 To Endpoint 2 组合框中输入目标计算机的 IP 地址。

（2）在 Protocol 区域中单击 TCP 按钮，在 Options 区域中单击 Response Time 按钮，在 Iterations 文本框中输入重复测试的次数，默认为 3 次，在 Data Size 文本框中输入要发送的数据包的大小，默认为 100 B，如图 5-1 所示。

（3）设置完成后单击 Run 按钮，即可开始测试。测试完成后，在 Response Time Results 框中显示出测试结果，如 Minimum（最短）、Average（平均）与 Maximum（最长）时间，如图 5-2 所示。

提示：如果想查看更详细的信息，可以单击 Details 按钮，打开如图 5-3 所示的 Qcheck Results 窗口。在该窗口中显示了设置信息和测试结果，甚至显示了本地计算机与目标计算机的系统信息和 Qcheck 的版本信息等，在 Response Time Results 选项区域中显示了响应的最短、最长和平均时间。

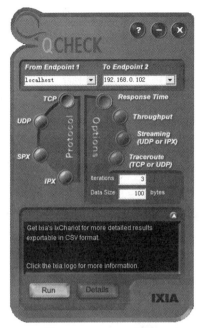

图 5-1　"Qcheck" 窗口

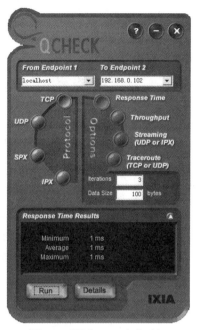

图 5-2　测试 TCP 响应时间

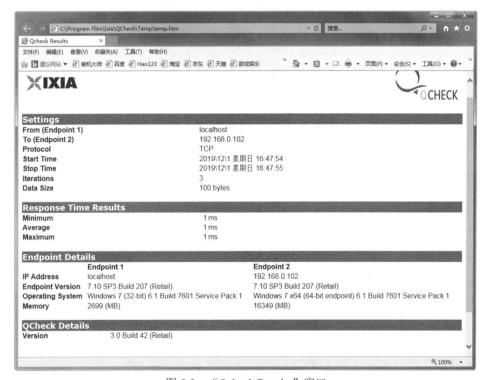

图 5-3　"Qcheck Results" 窗口

在 "Qcheck Results" 窗口中的 "Response Time Results 区" 域中显示了 Minimum（响应的最短时间）为 1ms、Average（平均时间）为 1ms、Maximum（最长）为 1ms，说明 TCP 响应时间比较快。

5.1.2 测试网络带宽

Qcheck 是一款集网络性能测试和网络带宽测试于一体的软件，不但可以用来测试网络性能，还可以用来测试网络带宽。

测试网络带宽的具体操作步骤如下：

（1）运行 Qcheck，在 From Endpoint 1 组合框中选择 localhost 选项；在 To Endpoint 2 组合框中输入目标计算机的 IP 地址；在 Protocol 选项区域中单击 TCP 按钮；在 Options 选项区域中单击 Throughput 按钮，在 Data Size 文本框中输入要发送的数据包的大小，默认为 100 KB。

（2）设置完成后单击 Run 按钮，即可开始测试，测试完成后在 Throughput Results 框中即可显示出测试结果，如图 5-4 所示。

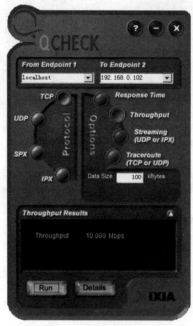

图 5-4　测试网络带宽

提示： 在测试网络带宽时，往往会因为设备性能、线路质量等各种因素的影响，使得测试值比实际值要小。为了测得准确的结果，建议使用多台计算机进行测试，一般最大值才是网络带宽的真实值。

5.1.3 测试串流

使用 Qcheck 的 UDP 串流传输率（UDP Streaming Throughput）可以测试多媒体流通需要多少频宽，从而判断现有的带宽是否满足需求。

使用 Qcheck 测试串流的操作步骤如下：

（1）运行 Qcheck，在 From Endpoint 1 组合框中选择 localhost 选项，在 To Endpoint 2 组合框中输入目标计算机的 IP 地址，在 Protocol 中单击 UDP 按钮，在 Options 中单击 Streaming 按钮，在 Data Rate 选项区域中设置数据传输速度，默认为 50kbit/s，最大不能超过 1Mbit/s，在 Duration 文本框中设置持续时间，默认为 10 s。

（2）设置完成后单击 Run 按钮，即可开始测试，测试完成后在 Streaming Results 框中显示出测试结果，如图 5-5 所示。

图 5-5　测试串流

5.2　无线网络带宽测试工具：IxChariot

影响网络带宽的因素主要是网络线路。通常情况下，在网络建设完成初期，由于设计的原因，网络带宽都会满足网络的需求。但随着网络使用时间的不断增长，由于线路老化或干扰等原因，可能会对网络带宽产生影响。因此，需要使用网络带宽测试工具测试网络带宽，以便时刻掌握网络带宽的具体情况。

由于无线网络具有灵活性、使用简单等特点，被广泛应用于许多家庭、公司、办公室、酒店及一些不方便布线的场所。而周围存在的各种电磁波会干扰无线网络的传输，为了了解无线网络的带宽情况，需要使用一些专用的无线网络测试工具，如 Ixchariot 工具。

5.2.1　测试无线网络的单向网速

IxChariot 是 NetIQ 公司推出的一款网络测试软件，可以针对各种网络环境、各种操作系统进行测试，通过模仿各种应用程序所发出的网络数据交换，IxChariot 可以帮助网络管理员对各种网络进行评估。IxChariot 测试软件由三大部分组成：IxChartiot 控制台、测试脚本和 EndPoint。IxChariot 控制台可以选择所需要的测试脚本，并制定具体的测试范围；EndPoint 可以根据测试的需要模拟出用户的网络数据操作，而且它需要安装在每个参与测试的网络客户端。

首先需要在两台计算机上均安装 Endpoint。另外，为了得到更准确的值，建议在测试的两台计算机上均关闭防火墙，并关闭正在运行的其他程序。

具体操作步骤如下：

（1）单击"开始"→"所有程序"→"IxChariot"→"IxChariot"命令，打开如图 5-6 所示的"IxChariot Test"窗口，在该窗口中可以创建新端点并进行测试。

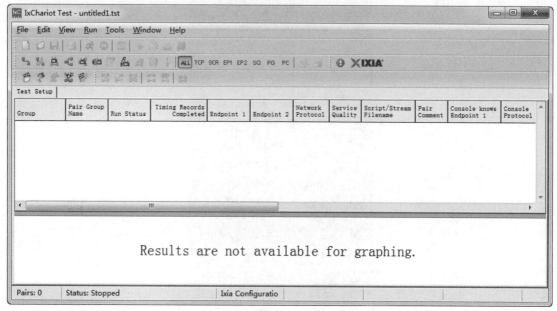

图 5-6 "IxChariot Test"窗口

（2）由于是要测试两点之间的吞吐量，因此单击工具栏上的 按钮，打开如图 5-7 所示的"Add an Endpoint Pair"对话框；在 Pair Comment 文本框中输入测试名称；在 Endpoint 1 to Endpoint 2 选项区域中分别输入两台计算机的 IP 地址 Network Protocol 下拉列表框中选择所使用的协议，默认使用 TCP 即可。

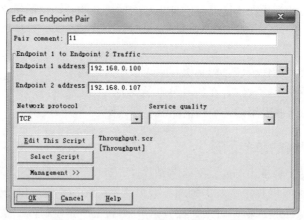

图 5-7 "Add an Endpoint Pair"对话框

（3）单击"Select Script"按钮，打开如图 5-8 所示的"Open a Script File"对话框，选择一个测试脚本。测试两点间的带宽，也就是通过测试两点之间的吞吐量来得出带宽值。因此，选择 IxChariot 自带的 Throughput 脚本。

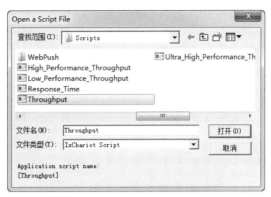

图 5-8　"Open a Script File"对话框

（4）单击"打开"按钮，返回"Add an Endpoint Pair"对话框，单击"OK"按钮，完成新测试的创建，并添加到"IxChariot Test"窗口的"Test Setup"列表框中。

（5）单击 🏃 按钮，IxChariot 即可开始测试两台计算机之间的带宽。此时，在窗口下方的 Throughput 选项区域以图表方式列出了不同时间段的数据包发送时的值，如图 5-9 所示。

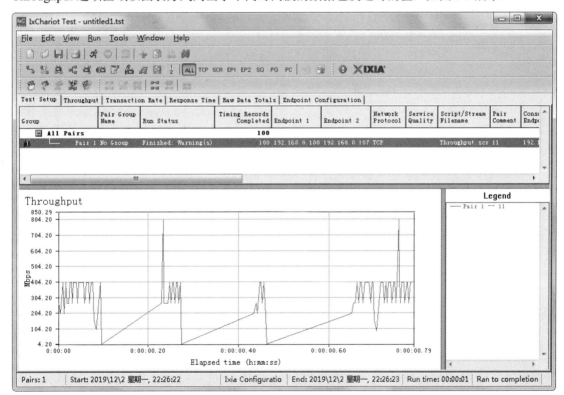

图 5-9　显示测试结果

（6）选择"Throughput"选项卡，在该窗口中显示了测试时的详细数值，如 Average（平均值）、Minimum（最小值）和 Maximum（最大值）等，如图 5-10 所示。IxChariot 通过测试仪 100 个数据包从一台计算机发送到另一台计算机所使用的速率并计算平均值，得出两点之间的带宽。需要注意的是，由于无线带宽的损耗，往往测量得到的真实带值要比标称值小一些。

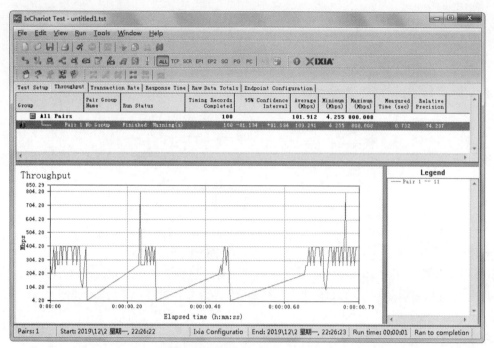

图 5-10　"Throughput"选项卡

提示： 在测试时必须把 IxChariot 窗口拉伸得足够大，如果窗口太小则不能显示图形画面，并会提示 This region is too small to show a graph. Maximize or resize this application，此时只要将窗口最大化即可。IxChariot 通过统计一个预定长度和格式的脚本文件，无差错地从一台服务器传送到另一台服务器的时间来计算出路由器的吞吐量，因此计算机性能的好坏也会影响测试值。

5.2.2　测试无线网络双工模式时的网速

由于单 / 双工模式自身设计的原因会严重影响网速，所以目前大部分的网卡和集线设备均支持全双工模式。对网络带宽的测试不能仅仅局限于从一台计算机到另一台计算机的网络带宽。所以在使用 IxChariot 进行测试时，尽量使用全双工模式进行测试。

【实验 5-2】 以 IP 地址 192.168.0.100 和 192.168.0.107 互为起始和目标 IP 地址测试全双工模式下的无线网速

具体操作步骤如下：

（1）在一台测试机上运行 IxChariot 程序，单击"Edit"→"Add Pair"命令，在 Endpoint 1 network address 组合框中输入起始 IP 地址；在 Endpoint 2 network address 组合框中输入目标 IP 地址；然后单击 Select Script 按钮，在弹出的对话框中选择 Throughput 脚本。

（2）单击"打开"按钮，返回"Add an Endpoint Pair"对话框，单击"OK"按钮，完成新测试的创建，并添加到"IxChariot Test"窗口的"Test Setup"列表框中。

（3）单击"Add Pair"按钮，再创建一个测试，在 Endpoint 1 address 组合框中输入起始 IP 地址；在 Endpoint 2 address 组合框中输入目标 IP 地址；然后单击 Select Script 按钮，在弹出的对话框中选择 Throughput 脚本。

（4）单击"打开"按钮，返回"Add an Endpoint Pair"对话框，如图 5-11 所示，单击"OK"

按钮，完成新测试的创建。

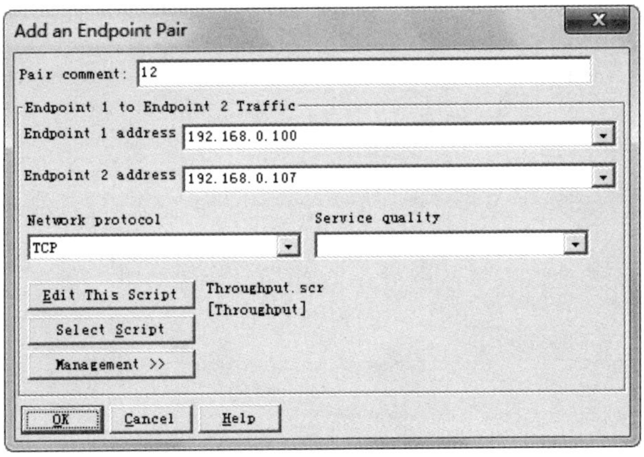

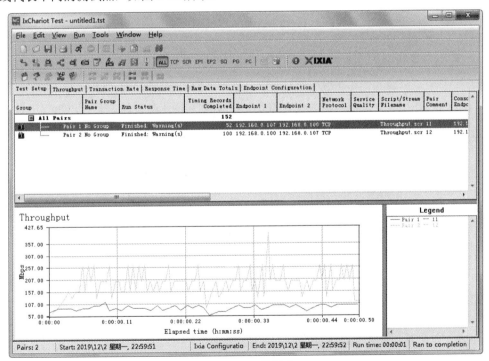

图 5-11 建立双向测试

（5）单击 ![icon] 按钮，IxChariot 即可开始测试，测试完成以后在图表中以不同颜色（上绿下红）的曲线代表不同的测试点，如图 5-12 所示。

图 5-12 开始测试

（6）选择"Throughput"选项卡，即可查看具体测试量的带宽大小值，如平均值、最小值和最大值等，如图 5-13 所示。通过查看这些数据可以了解网络带宽的质量。另外，为了求得更精确的值，建议多测试几次。

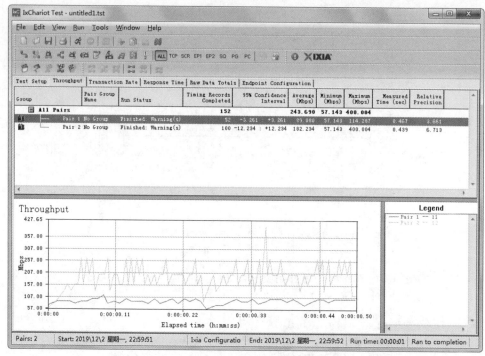

图 5-13　测试结果

在图 5-13 中可以看到该带宽的 Average（Mbps）平均值为 243.690，Minimum（Mbps）最小值为 57.143，Maximum（Mbps）最大值为 400.004，说明该网络带宽的质量非常好。

提示： 在测试无线带宽的同时也能测试无线路由器的性能，如果无线路由器本身性能较差，在只有一对连接时测试所得出来的数值可能会比较高，但并不代表无线路由器性能也高。因此，测试时应使无线路由器多连接一些计算机或手机，只有在多连接的情况下还能得出较高的测试值时，才说明该无线路由器性能比较好。

5.2.3　多对 Pair 测试

多对 Pair 测试是将创建的一对 Pair 复制多份，使用 IxChariot 同时测试所有的 Pair。

多对 Pair 测试的方式一般用在测试网络情况不稳定、经常出现速度波动的情况下。测试完毕后可以通过采用平均值将所有测试值汇总在一起，可以得到更接近真实数值的结果。

接下来我们以测试 8 对 Pair 为例，通过 IxChariot 画出带宽的曲线分布图，读者根据这 8 条曲线的分布，可以判断出当前网络带宽的真实值。

具体操作步骤如下：

（1）在 IxChariot 窗口中，选择要复制的 Pair，单击工具栏中的 ▦ 按钮或按 Ctrl+C 组合键，然后单击工具栏中的 ▦ 按钮或按 Ctrl+V 组合键，粘贴 Pair，将复制的 Pair 粘贴多份，如图 5-14 所示。

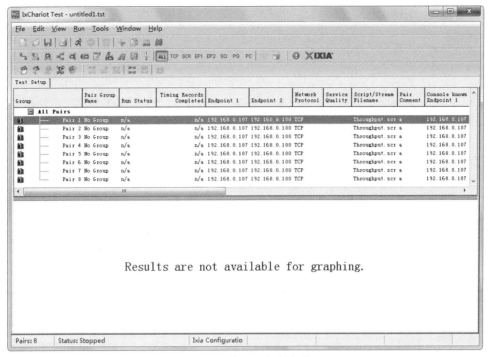

图 5-14　将 Pair 复制多份

（2）单击 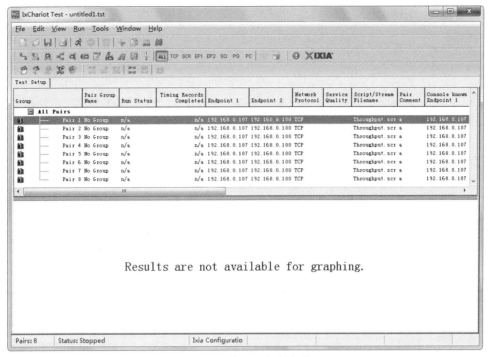 按钮，即可开始测试，IxChariot 会测试每对 Pair 的带宽值，将这些测试结果相加所得到的值就是带宽的真实值，并显示在 All Pairs 列表框中，如图 5-15 所示。在曲线图形表中分别用不同颜色的曲线表示每对 Pair 的测试情况。

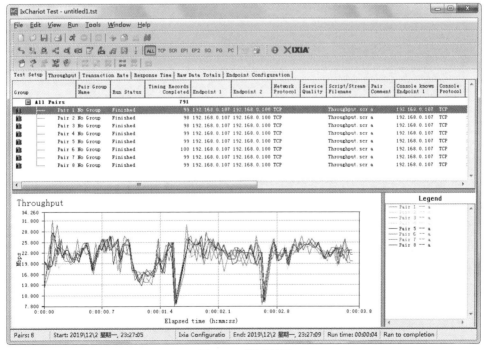

图 5-15　测试结果

5.2.4 大数据包测试

默认情况下，测试数据包的大小只有 100 kB，当在带宽比较大的网络中进行测试时，其所得到的测试结果是不太准确的。为了提高测试的精确度，需要修改默认数据包的大小，使测试结果更准确。

接下来，我们会将测试数据包的大小修改为 20 000 kB，以便更精确测试当前网络的带宽。

具体操作步骤如下：

（1）在 IxChariot 窗口中，单击工具栏上的 ![按钮] 按钮，打开 "Add an Endpoint Pair" 对话框，在 Pair Comment 文本框中输入测试名称；在 Endpoint 1 to Endpoint 2 选项区域中分别输入两台计算机的 IP 地址，在 Network Protocol 下拉列表框中选择所使用的协议，默认使用 TCP 即可。

（2）单击 "Select Script" 按钮，打开 "Open a Script File" 对话框，选择 IxChariot 自带的 Throughput 脚本。

（3）单击 "打开" 按钮，返回 "Add an Endpoint Pair" 对话框，单击 "Edit This Script" 按钮，打开如图 5-16 所示的 "Script Editor - Throughput.scr" 窗口。

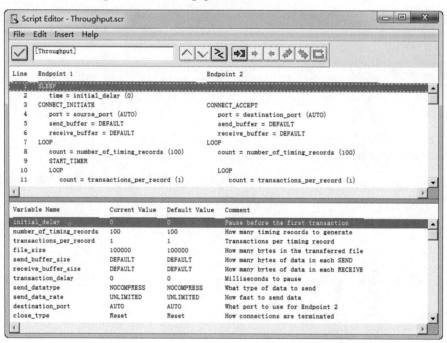

图 5-16 "Script Editor - Throughput.scr" 窗口

（4）在该窗口中的下方选项区域中右击 File_size 字段，在弹出的快捷菜单中选择 Edit 命令，打开如图 5-17 所示的 "Edit Variable-file_size" 对话框，在 "Current value" 文本框中显示的就是该脚本文件的大小，以字节（B）为单位，默认为 100 000 B，可以修改该数值，我们改成 20 000 000 B。

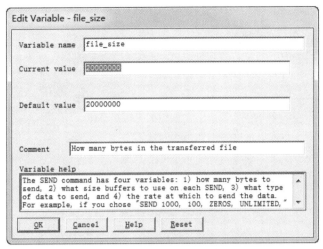

图 5-17　改变数据包的大小

（5）单击"OK"按钮，保存修改并关闭 Script Editor Throughput.scr 窗口，打开如图 5-18 所示的提示框，提示是否保存对 Throughput.scr 文件的修改。

（6）单击"Yes"按钮保存，返回"Add an Endpoint Pair"对话框，单击"OK"按钮，完成新测试的创建，然后单击 Run 按钮，即可使用设置好大小的数据包进行带宽测试。

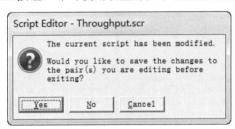

图 5-18　提示框

5.3　网络质量测试工具：Ping Plotter

目前，有很多宽带运营商，每个宽带运营商都说自己的网络好，应该如何选择呢？使用 Ping Plotter 可以对网络质量进行测试，从而确定是否满足自己的需求。

Ping Plotter 是一款多线性的跟踪路由程序，能较快地揭示当前网络出现的瓶颈与问题。它相当于 Windows 中的 Tracert 命令，但具有信息同时反馈的速度优势，而且界面中结合了数据与图形两种表达方式，与其他检测分析工具相比，检测分析结果更为直观和易于理解。

【实验 5-3】以百度为例，测试当前宽带的网络质量

具体操作步骤如下：

（1）下载并安装 Ping Plotter，打开如图 5-19 所示的 Ping Plotter Pro 窗口，在 arget Name 下拉列表框中输入域名或 IP 地址，如 www.baidu.com，单击 ▶ 按钮，Ping Plotter Pro 即可开始追踪百度网站，并在窗口下方显示 www.baidu.com 的图形表，如图 5-20 所示。

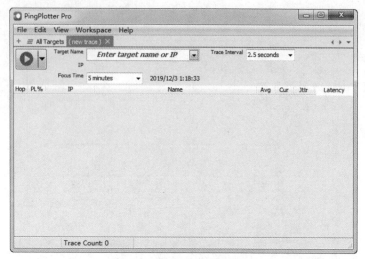

图 5-19　Ping Plotter Pro 窗口

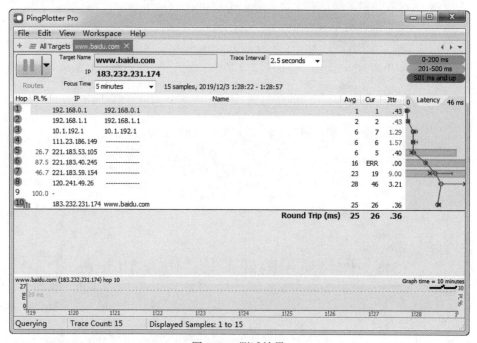

图 5-20　测试结果

（2）从上图 5-20 的图形表中可以查看所追踪网址的名称和解析出来的 IP 地址，在中间的结点列表中显示了从本地计算机到目标主机所经过的 IP 地址、DNS 域名、此主机的平均响应时间（Avg）、到目标主机丢失的数据包数，通过该曲线图就可以看到网络出现的问题。

在追踪路由时，会以不同的颜色显示所经过的路由的状态，在窗口下方显示了不同颜色代表的不同响应时间。例如，在图 5-20 中经过的路由以红色显示，表示该路由处于堵塞状态，导致发到目标主机的数据包在这里丢失严重，影响了数据的传递。如果显示为绿色，则表示速度良好。

提示：在测试时，应多连接一些国内外的各大网站以进行比较，从而知道自己的网络状况到底如何。

（3）在使用 Ping Plotter 测试时，可以将当前的测试结果以图形或文本的形式保存起来，以便日后比较查看。在 Ping Plotter Pro 窗口中，单击“File”“Save Image”命令，即可将当前测试结果保存成图片文件，单击“Export to Text File”选项则可将测试结果输出到文本文件，如图 5-21 所示。

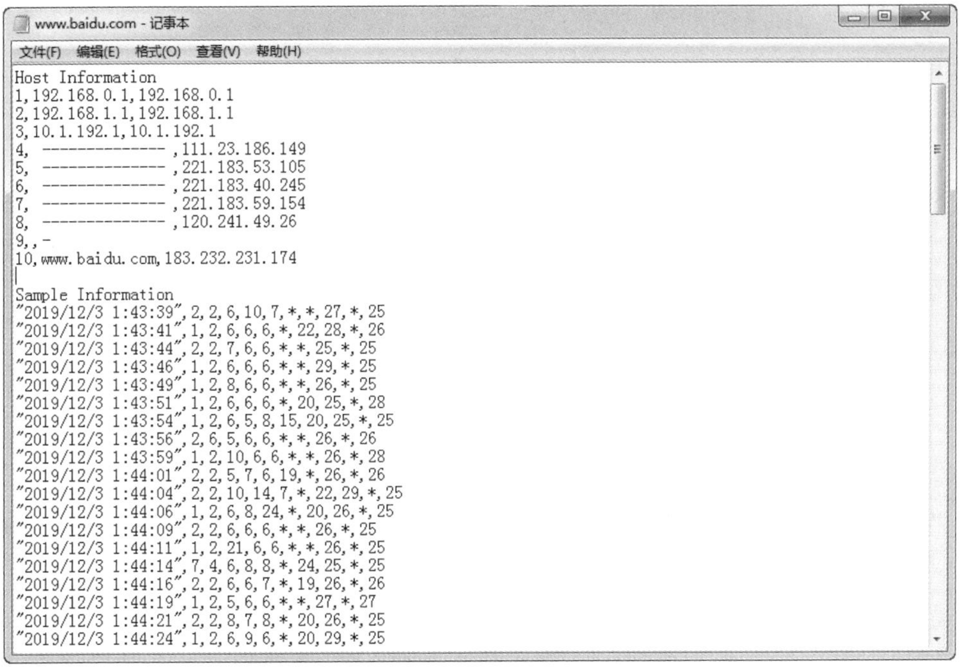


```
Host Information
1,192.168.0.1,192.168.0.1
2,192.168.1.1,192.168.1.1
3,10.1.192.1,10.1.192.1
4,  -------------- ,111.23.186.149
5,  -------------- ,221.183.53.105
6,  -------------- ,221.183.40.245
7,  -------------- ,221.183.59.154
8,  -------------- ,120.241.49.26
9,,-
10,www.baidu.com,183.232.231.174

Sample Information
"2019/12/3 1:43:39",2,2,6,10,7,*,*,27,*,25
"2019/12/3 1:43:41",1,2,6,6,6,*,22,28,*,26
"2019/12/3 1:43:44",2,2,7,6,6,*,*,25,*,25
"2019/12/3 1:43:46",1,2,6,6,6,*,*,29,*,25
"2019/12/3 1:43:49",1,2,8,6,6,*,*,26,*,25
"2019/12/3 1:43:51",1,2,6,6,6,*,20,25,*,28
"2019/12/3 1:43:54",1,2,6,5,8,15,20,25,*,25
"2019/12/3 1:43:56",2,6,5,6,6,*,*,26,*,26
"2019/12/3 1:43:59",1,2,10,6,6,*,*,26,*,28
"2019/12/3 1:44:01",2,2,5,7,6,19,*,26,*,26
"2019/12/3 1:44:04",2,2,10,14,7,*,22,29,*,25
"2019/12/3 1:44:06",1,2,6,8,24,*,20,26,*,25
"2019/12/3 1:44:09",2,2,6,6,6,*,*,26,*,25
"2019/12/3 1:44:11",1,2,21,6,6,*,*,26,*,25
"2019/12/3 1:44:14",7,4,6,8,8,*,24,25,*,25
"2019/12/3 1:44:16",2,2,6,6,7,*,19,26,*,26
"2019/12/3 1:44:19",1,2,5,6,6,*,*,27,*,27
"2019/12/3 1:44:21",2,2,8,7,8,*,20,26,*,25
"2019/12/3 1:44:24",1,2,6,9,6,*,20,29,*,25
```

图 5-21　测试结果保存成文本文件

提示：Ping Plotter 与 Tracert 命令相比，界面直观且信息反馈速度更快。通过利用国内外一些大网站进行测试，可以综合地评价一家宽带运营商的宽带网络质量，中间所经过的结点越少越好，然后结合其他指标，即可比较出哪一家宽带运营商的宽带接入质量比较好。

第 6 章

网络流量监控和分析工具

无论网络性能有多么强大，都有可能因为某些用户滥用网络资源，导致网络性能下降，甚至网络瘫痪。因此，网络管理员应时刻关注网络中的流量情况，保证用户可以充分、合理地利用并网络资源，杜绝用户对网络资源的恶意占用。

本章主要介绍网络流量监控和分析工具的使用方法，如长角牛网络监控机、Essential NetTools、CommView 等。

6.1 网络流量监控工具

目前，网络中许多软件会造成大量的网络流量，为了保证网络的正常运行，需要清楚了解网络流量，并有针对性地封堵某些端口。本节主要介绍两款常用的网络流量监控工具，即长角牛网络监控机和 Essential NetTools，其中长角牛网络监控机操作界面比较友好，功能比较强大，比较适合浅基础读者使用；而 Essential NetTools 属于国外开发的软件，操作界面相对复杂一些，检测也更全面。

6.1.1 实时检测工具：长角牛网络监控机

"长角牛网络监控机"（原名"网络执法官"）是一款局域网管理软件，只需局域网内的一台普通机器上运行，即可穿透各用户防火墙，监控整个网络的连接情况。

1. 查看网络用户信息

"长角牛网络监控机"（原名"网络执法官"）是一款局域网管理软件，只需局域网内的一台普通机器上运行，即可穿透各用户防火墙，监控整个网络的连接情况。下面我们从查看网络用户信息、手工管理、锁定网络中的计算机、设置网络用户权限、绑定 IP 地址、查询记录和查看本机状态等方面介绍长角牛网络监控机的使用方法。

查看网络用户信息的具体操作步骤如下：

（1）单击"开始"→"所有程序"→"Net Robocop"→"Net Robocop"命令，打开如图 6-1 所示的"设置扫描范围"对话框，在"选择网卡"下拉列表框中，选择要监控的网卡，在"扫描范围"文本框中，输入想要扫描的 IP 地址范围，单击"添加 / 修改"按钮，即可将扫描范围添加到监控列表框中。

图 6-1　"设置监控范围"对话框

提示：如果网络中网段有所改变，必须选中原来的网段并单击"移出"按钮将其删除，然后再重新添加。

（2）单击"确定"按钮，打开如图 6-2 所示的"长角牛网络监控机"窗口，默认显示"用户列表"选项卡，列出了长角牛网络监控机所监控到的信息，如计算机的 MAC 地址、主机名、上线 / 下线时间，以及网卡生产厂商（网卡注释）等。

图 6-2　"长角牛网络监控机"窗口

（3）选择要查看的用户，单击鼠标右键，在弹出的快捷菜单中选择"属性"命令，打开如图 6-3 所示的"用户属性"对话框，可以查看用户的各种属性。

图 6-3　"用户属性"对话框

（4）在"网卡属性"选项区域中，显示的是该用户的网卡信息，包括 MAC 地址、生产厂家等；在"首末记录"选项区域中显示的是用户首次上线与末次上线的时间。若要查看该用户所有的上线记录，单击"上线记录"按钮，打开如图 6-4 所示的"用户上线记录"对话框，显示了该用户每次的上线与下线时间。

图 6-4　"在线记录"对话框

（5）单击"权限设定"按钮，打开"设定用户权限"对话框，如图 6-5 所示。可以设置用户的权限，例如，可以指定用户在特定时间允许或禁止与某个 IP 地址段连接等。

（6）在"用户属性"对话框中，单击"删除用户"按钮可将用户删除，弹出如图 6-6 所示的对话框，提示给该用户加上删除标记，同时该按钮变为"撤销删除"。如果要取消删除，再次单击该"撤销删除"按钮即可。

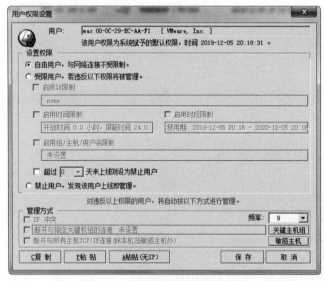

图 6-5　"用户权限设置"对话框　　　　图 6-6　"删除用户"对话框

2. 锁定网络中的计算机

如果想让网络中的某台计算机无法连接网络，可以利用长角牛网络监控机的锁定功能使某台计算机无法上网。这是利用的 ARP（Address Resolution Protocol，地址解析协议）欺骗功能，使被锁定的计算机无法找到网关的 MAC 地址，造成网络不通，使该计算机不能连接网络。

（1）在"长角牛网络监控机"的"用户列表"窗口中，选择要锁定的计算机，单击鼠标右键，在弹出的快捷菜单中选择"锁定／解锁"命令，如图 6-7 所示。

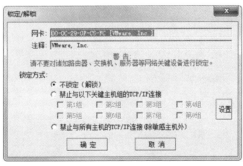

图 6-7　选择"锁定／解锁"命令

（2）在弹出的"锁定／解锁"对话框中，选择锁定方式，如图 6-8 所示，单击"确定"按钮，该计算机就会被锁定，不能连接关键主机或网络。

图 6-8　"锁定／解锁"对话框

提示："禁止与以下关键主机组的 TCP/IP 连接"选项，可以设置该用户只与这些关键主机断开连接，但不影响该用户与其他主机的连接。"不锁定（解锁）"选项，用来解除计算机的锁定；"断开该用户与所有主机的连接"选项，可使该用户与网络断开，不能与所有的计算机进行通信。

3．手工管理

在某些特殊或紧急情况下，在长角牛网络监控机中可以使用手工管理功能管理网络中的计算机，如使某用户产生 IP 冲突或断开连接等，一般用于测试本软件的管理功能。手工管理拥有最高优先级，即对任何可管理的用户实施"手工管理"，都会立即生效。

对于网络管理员而言，应当避免网络中存在其他用户也在运行长角牛网络监控机。

（1）在"长角牛网络监控机"中的用户列表窗口中，选择要进行手工管理的用户，单击鼠标右键，在弹出的快捷菜单中选择"手工管理"命令，如图6-9所示。

图6-9　选择"手工管理"命令

（2）在弹出的"手工管理"对话框中，显示了该用户的网卡信息及主机名，如图6-10所示。在"管理方式"选项区域中可以设置管理方式，"IP冲突"选项可以使对方计算机产生IP冲突，"禁止与关键主机组进行TCP/IP连接"和"禁止与所有其他主机的连接"选项可以断开该用户与关键主机或网络的连接。

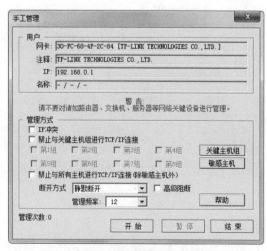

图6-10　"手工管理"对话框

（3）单击"开始"按钮，即可使用所设置的管理方式对该计算机进行管理。例如，选择了"IP冲突"，则对方计算机就会出现 IP 冲突的系统提示。单击"暂停"或"结束"按钮，可以停止对该用户实施管理。

提示：不要对服务器、交换机等网络关键设备实施管理，否则可能会导致服务器等关键设备不能连接网络，从而造成整个网络故障。

4．设置网络用户权限

在长角牛网络监控机中，可以设置网络用户的权限，用来管理用户与网络的连接，如在特定时间内禁止或允许某一个或整个网络中的用户上网等。

【实验 6-1】利用长角牛网络监控机设置某网络用户的权限

具体操作步骤如下：

（1）在"长角牛网络监控机"窗口中，选择要设定权限的用户，例如在这里选择 IP 地址为192.168.0.1 的用户，然后单击鼠标右键，在弹出的快捷菜单中选择"权限设置"命令，如图 6-11所示。

图 6-11　选择"权限设置"命令

（2）在弹出的"设定用户权限"对话框中，设置权限和选择管理方式，设置权限分为自由用户、受限用户和禁止用户等 3 类权限，一般启用该功能时皆为受限用户，如图 6-12 所示。设置完成后，单击"确定"按钮保存设置即可。

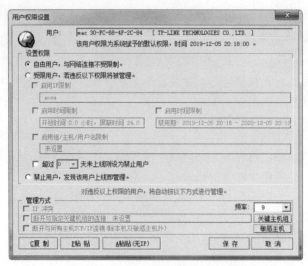

图 6-12　"用户权限设置"对话框

5．批量绑定 IP 地址

一般情况下，可以使用 ARP 命令将计算机网卡与 IP 地址进行绑定，但如果局域网内的计算机特别多，一台一台绑定就太麻烦了，而使用长角牛网络监控机，可以快速将一批计算机的 MAC 地址与 IP 进行绑定。

绑定 IP 地址的具体操作步骤如下：

（1）在长角牛网络监控机中，选择要绑定 IP 地址的计算机，单击鼠标右键，在弹出的快捷菜单中选择"绑定 MAC 与 IP/ 机器名称"命令，如图 6-13 所示。

图 6-13　选择"绑定 MAC 与 IP/ 机器名称"命令

（2）在弹出的如图 6-14 所示的 "MAC-IP 绑定" 对话框中，选中 "各用户改为以下管理方式" 单选按钮，根据需要设置当用户违反权限后的管理方式即可。

（3）单击 "确定" 按钮，即可将这些用户的 MAC 地址与 IP 地址进行绑定。

图 6-14　"MAC-IP 绑定" 对话框

6．查询记录

网络中所有计算机的活动情况，都会被长角牛网络监控机记录下来，当关闭程序时，就会自动记录所有数据，网络管理员以后可以从这些日志中查询个用户在一定时间内的活动情况。

在 "长角牛网络监控机" 窗口中，选择 "记录查询" 选项卡，显示如图 6-15 所示的窗口，在 "查找对象" 选项区域中，设置要查询的条件，设置完成后，单击 "查找" 按钮，查找符合条件的记录，所查找到的信息就会显示在右侧列表框中。

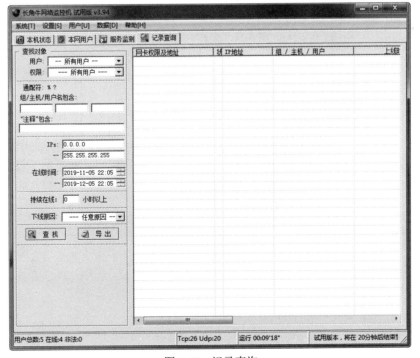

图 6-15　记录查询

7．查看本机状态

通过"长角牛网络监控机"不仅可以监控网络中所有计算机，还可以查看本地计算机的使用状态，包括当前所监听到的 TCP、UDP 连接、IP 收发、TCP 收发等信息，都会显示在"本机状态"窗口中，如图 6-16 所示。

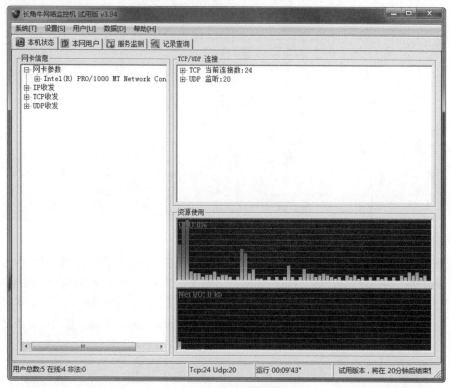

图 6-16　查看本机状态

6.1.2　网络即时监控工具：Essential NetTools

Essential NetTools 是一款功能完备的网络即时监控软件，可以监测网络中计算机的各种信息，如扫描局域网中正在运行的计算机，监测计算机的网络连接状况、扫描计算机的 MAC 地址、开放的端口等。当有黑客入侵或有木马程序与外界连接时，可以通过该软件即可及时发现。

与长角牛网络监控机相比，Essential NetTools 对网络中计算机的监测更加全面，我们从检测本地计算机的进程、扫描计算机系统信息、扫描主机信息、查看进程的详细信息等方面来介绍使用 Essential NetTools 监控网络流量的方法。

1．检测本地计算机的进程

大部分蠕虫或木马病毒都会通过特定的端口向外传播，但许多蠕虫或木马会使用和系统进程相同的名称以求蒙混过关，因此，如果怀疑有些进程是病毒或木马程序，可以查看它的属性，看看它是否真的是系统程序。

【实验 6-2】使用 Essential NetTools 检测本地计算机的进程

具体操作步骤如下：

（1）运行 Essential NetTools 后，首先会显示本地计算机当前正在运行的进程，如图 6-17 所示。

包括进程名称（Process）、使用的协议（Proto）、本地 IP 地址（Loc.IP）、本地开放的端口（Loc.Port）、连接的目标 IP 地址（Rem.IP）、连接的远程端口（Rem.Port）和活动状态（State），以及远程连接的主机名（Hostname）等。

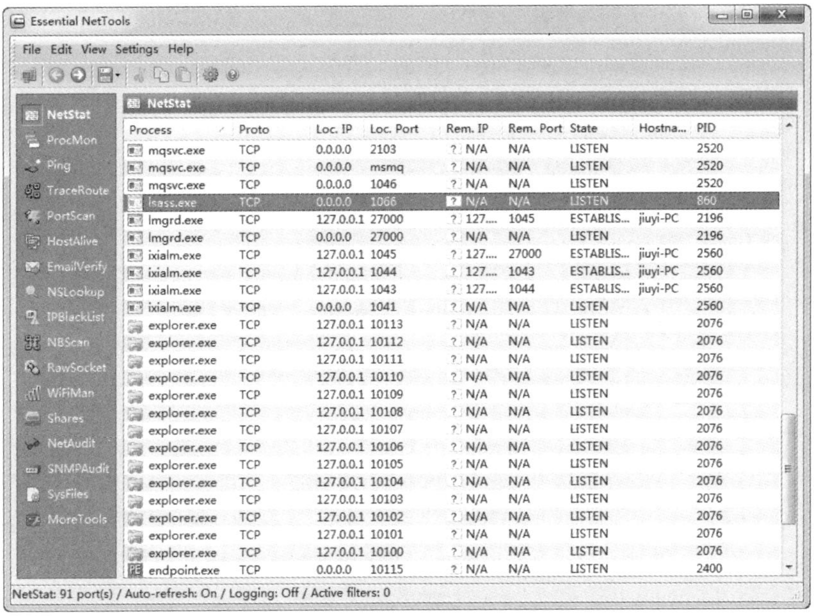

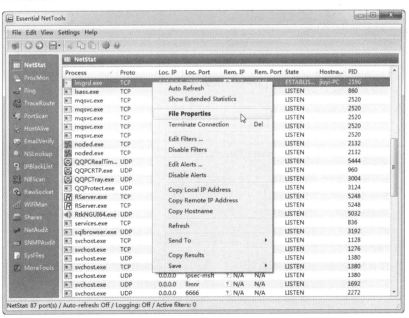

图 6-17 "Essential NetTools"窗口

（2）选择要查看的进程，单击鼠标右键，在弹出的快捷菜单中选择"File Properties"（文件属性）命令，如图 6-18 所示。

图 6-18 选择"File Properties"（文件属性）命令

（3）在弹出的如图 6-19 所示的对话框中，可以查看该进程源文件的位置、创建时间等信息。

图 6-19　查看进程属性

（4）如果经检查，该进程的大小或日期时间非常可疑，则有可能是病毒，应立即中止并使用杀毒软件查杀病毒。在"Essential NetTools"窗口中，选择要中止的进程，单击鼠标右键，在弹出的快捷菜单中选择"Terminate Connection"（终止连接）命令，如图 6-20 所示，即可中止该进程。

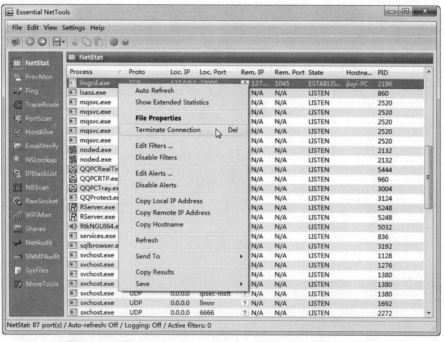

图 6-20　选择"Terminate Connection Del"（终止连接）命令

2．扫描计算机系统信息

Essential NetTools 可以扫描局域网中所有计算机的系统信息、共享的文件，甚至可以扫描出计算机中有哪些账户，以及各账户的密码，给网络管理员管理网络带来极大的方便。

扫描计算机系统信息的具体操作步骤如下：

（1）在"Essential NetTools"窗口中，单击左侧列表框中的"NetAudit"按钮，在"Starting IP address"文本框中输入要扫描的 IP 地址段的起始地址，在"Ending IP address"文本框中输入结束 IP 地址，如图 6-21 所示。

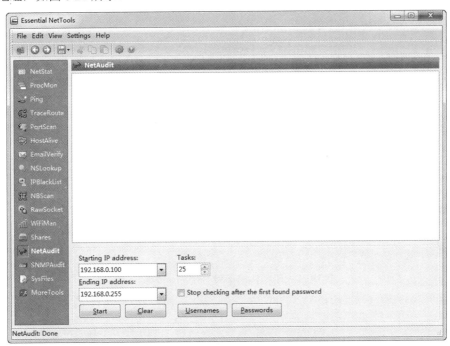

图 6-21　输入要扫描的起始 IP 地址段

（2）单击"Usernames"按钮，弹出如图 6-22 所示的"Edit Username List"对话框，如果想扫描的用户名不在该对话框中，则在"Username"文本框中输入用户，然后单击"Add"按钮添加到该对话框中。

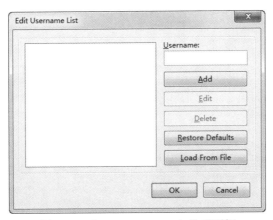

图 6-22　"Edit Username List"对话框

（3）单击"OK"按钮，返回"Essential NetTools"窗口，单击"Start"按钮，Essential NetTools 便开始扫描该 IP 地址段中的计算机，并将扫描出的信息显示在"NetAudit"列表框中，如图 6-23 所示。如果发现某台计算机可能存在安全隐患，就会以红色显示，如果安全则以蓝色显示。

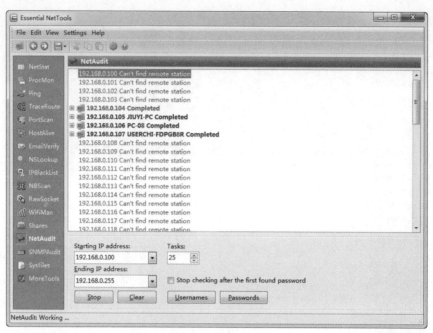

图 6-23　扫描结果

（4）展开该计算机列表，即可看到所扫描到的该计算机的各种信息，如系统信息（Server Info）、NetBIOS 名称（NetBIOS Names）、共享文件（Shares）、用户账户（Users）等，如图 6-24 所示。

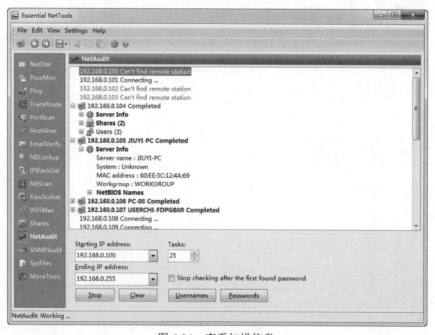

图 6-24　查看扫描信息

3．扫描主机信息

Essential NetTools 的 NBScan 功能可以扫描一个 IP 地址或 IP 地址段内计算机的基本信息，包括计算机名、所在工作组及网卡的 MAC 地址等。

扫描主机信息的具体操作步骤如下：

（1）在"Essential NetTools"窗口中，单击左侧列表框中的"NBScan"按钮，在"Starting IP address"文本框中输入要扫描的 IP 地址段的起始地址，在"Ending IP address"文本框中输入结束 IP 地址，如图 6-25 所示。

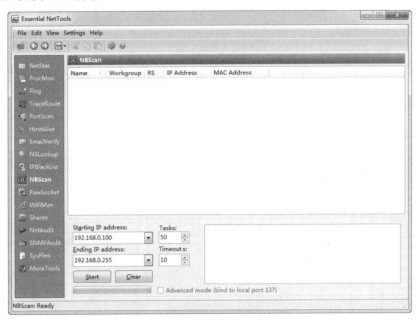

图 6-25　输入要扫描的起始地址段

（2）单击"Start"按钮，Essential NetTools 便开始扫描该 IP 地址段，并将扫描所得到的信息显示在"NBScan"列表框中，如图 6-26 所示。此时即可了解到自己所管理的网络中有哪些计算机正在运行，各计算机的基本信息。

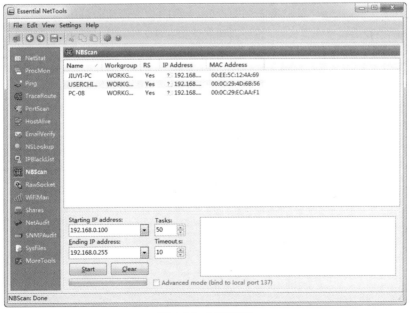

图 6-26　扫描结果

4．查看进程的详细信息

在"Essential NetTools"窗口左侧列表中选择"ProcMon"选项，显示当前正在运行的所有应用程序信息，包括程序名称（Program）、程序的源路径（Path）、厂商（Manufacturer）等，在该窗口下方还以图形形式显示了当前占用 CPU 资源最多的程序，并以不同的颜色显示不同程序的 CPU 占用率，如图 6-27 所示。

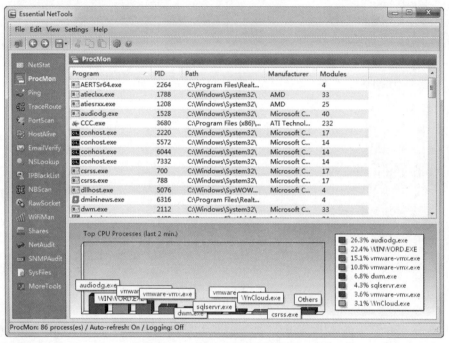

图 6-27　查看进程的详细信息

如果想终止某个程序，选择该程序，单击鼠标右键，在弹出的快捷菜单中选择"Terminate Process"（终止程序）命令，在弹出的如图 6-28 所示的对话框中，提示终止该程序可能会导致数据丢失或系统不稳定，单击"Yes"按钮即可终止该程序。

图 6-28　"Confirm"对话框

提示：Essential NetTools 还有其他功能，如 NSLookup、Share 等，限于篇幅在这里不再一一介绍。

6.2　网络流量统计分析工具：CommView

对网络流量仅仅是监控永远不够的，网络管理员还需要对网络流量进行统计分析，从中找出网络和系统设置中的不足之处，及时切断侵入网络中的黑手。

CommView 是一款功能强大的工具，可以用来捕获 Internet 和局域网中传输的数据，收集网络传输中的每个信息包，也可以显示信息包和网络连接列表、关键统计信息、协议分布图等重要信息，并可显示内部及外部 IP 地址、端口、主机名称、各种数据的数量等重要资料。

网络管理员可以分析各种 IP 协议和网络，CommView 的过滤功能还可以只过滤需要的数据包。

6.2.1　捕获并分析网络数据

通常情况下，为了使 CommView 能够捕获到网络中的数据，建议将其安装在网络的网关计算机上。CommView 可以捕获局域网中所有计算机与外部网络间传输的数据，通过分析这些数据，网络管理员可以清楚地了解网络的运行状况，如果网络出现了故障，还可以迅速找出故障。

具体操作步骤如下：

（1）运行 CommView，在 "CommView" 窗口中，单击 "Start Capture" 按钮，如图 6-29 所示，CommView 便开始捕获网络内传输的数据。

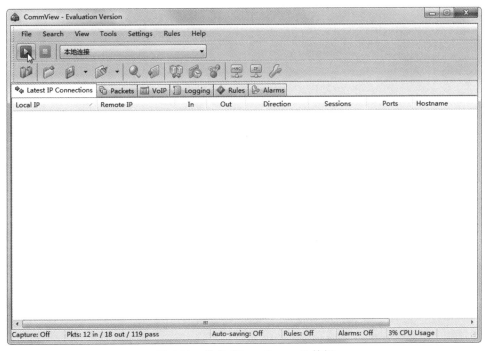

图 6-29　单击 "Start Capture" 按钮

（2）当捕获一定的数据后，单击 "Stop Capture" 按钮即可停止捕获，此时即可对所捕获到的数据进行分析，如图 6-30 所示。通过这些信息，网络管理员可以清楚地看到网络中哪台计算机正在与外部网络的哪些地址进行通信，哪些可疑端口正在使用等，从而迅速地找到问题所在。例如，通过查看端口即可得知，使用 8 000、4 000 端口的用户正在使用 QQ。

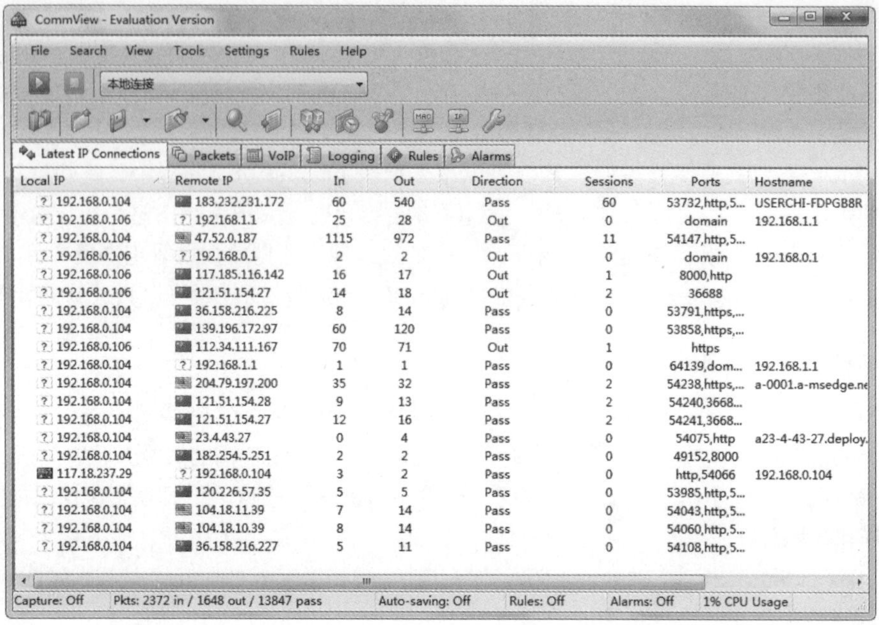

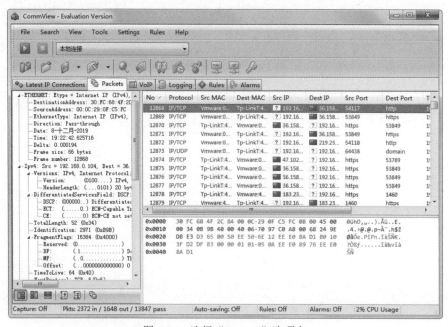

图 6-30　捕获的数据

（3）选择"Packets"选项卡，可以看到每个数据包的详细信息，如图 6-31 所示。

图 6-31　选择"Packets"选项卡

6.2.2　查看网络传输状态

在捕获数据的过程中不仅可以查看网络中各台计算机所传输的数据包，还能以图形方式查看网络中各种协议的使用状况及数据传输状态，并根据这些数据分析网络中是否有蠕虫、木马或网络风暴占用带宽，从而迅速找出网络故障的原因。

具体操作步骤如下：

（1）当捕获数据完成后，单击"View"→"Statistics"命令，打开如图 6-32 所示的"Statistics"窗口。

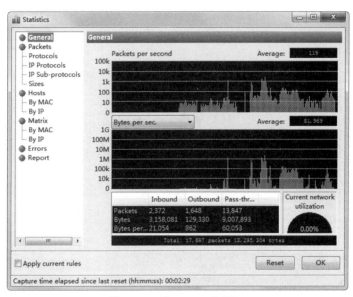

图 6-32 "Statistics"窗口

（2）默认在左侧列表中选中"General"选项，在这里以图形形式显示了网络的使用状况，如数据包的传输速率（Packets Per Second）、当前传输的字节数（Bytes Per Sec.）等，并在下方的 Total 选项区域中显示了传输的数据包总数（packets）和字节总数（Bytes）。

（3）在左侧列表中选择"Packets"选项，即可查看各种数据包协议的传输状态。在"Packets-Protocols"窗口中以圆饼图显示了各种协议的使用状态，如图 6-33 所示。使用不同的颜色代表不同的协议，如 IP、ARP、NetBIOS、IPX 等协议。

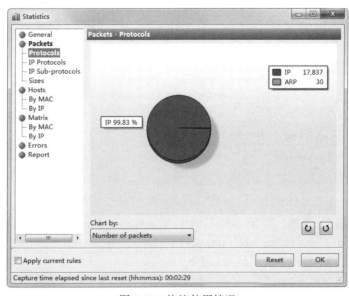

图 6-33 协议使用情况

（4）选择"IP Protocols"选项，显示 TCP、UDP、ICMP 和 IGMP 等协议的利用率，如图 6-34 所示。

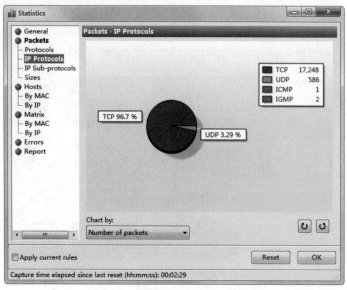

图 6-34　选择"IP Protocols"选项

（5）选择"IP Sub-Protocols"选项，显示各种网络服务的使用情况，如 HTTP、FTP、POP3、SMTP、Telnet、NNTP 和 DNS 服务等，如图 6-35 所示。

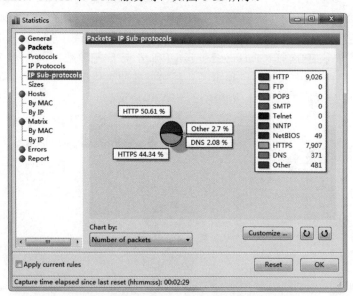

图 6-35　选择"IP Sub-protocols"选项

（6）选择"Size"选项，显示各种不同字节的数据包的传输情况，包括小于 64 字节、66～127 字节、128～255 字节、256～511 字节、56～1 023 字节等，如图 6-36 所示。

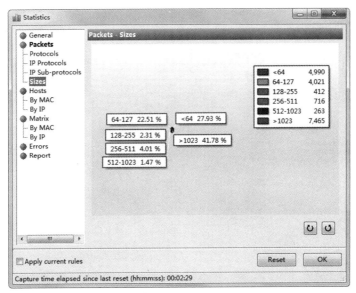

图 6-36　选择"Size"选项

（7）在左侧列表中选择"Hosts"选项，显示各个网卡的 MAC 地址，并列出了各个网卡所发送和接收的数据包、字节数量，如图 6-37 所示。

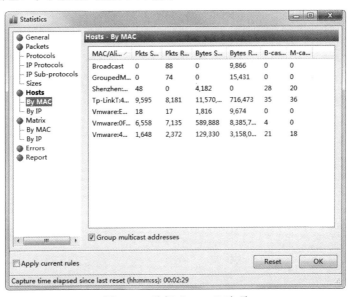

图 6-37　选择"Hosts"选项

（8）在左侧列表中选择"Matrix"选项，然后选择 By IP 选项，将以矩阵方式列出当前网络中有哪些 IP 地址正在连接，并且使用连线将正在连接的计算机连接起来，便于网络管理员查看，如图 6-38 所示。

通过这个 IP 地址连接矩阵，网络管理员不但可以实时掌握网络中计算机的连接情况，同时也有助于网络管理员根据连接情况有效分配带宽。

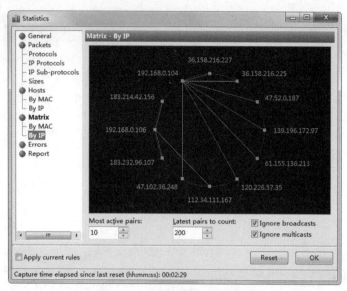

图 6-38　查看 IP 地址连接情况

提示：默认情况下，矩阵中只显示前 10 个活动频繁的结点，如果想多显示一些，可以在
Most active Pairs 微调框中输入想要设置的值。

（9）选择"Errors"选项，显示网络中错误的传输数据。

（10）选择"Report"选项，可将当前捕获结果作为报告输出或 HTML 网页进行保存。

（11）单击"View"→"Port Reference（端口参考）"命令，打开如图 6-39 所示的"Port
Reference"窗口，在该窗口中列出了大部分常用端口的信息。例如，各个端口所使用的服务、协
议等，在分析网络数据时可作为参考。

Port	Service	Protocol	Comment
7	echo	tcp	
7	echo	udp	
9	discard	tcp	
9	discard	udp	
11	systat	tcp	Active users
11	systat	udp	Active users
13	daytime	tcp	
13	daytime	udp	
17	qotd	tcp	Quote of the day
17	qotd	udp	Quote of the day
19	chargen	tcp	Character generator
19	chargen	udp	Character generator
20	ftp-data	tcp	FTP, data
21	ftp	tcp	FTP. control
22	ssh	tcp	SSH Remote Login Protocol

图 6-39　"Port Reference"窗口

6.2.3　设置警报

CommView 还可以设置警报，可以将特殊数据包设定为警报信息，当捕获到警报数据包或未
知的 IP 地址时，就会向网络管理员自动发出警报。

【**实验 6-3**】将从 4000 端口传出的数据包设定为警报信息

具体操作步骤如下：

（1）在"CommView"窗口中选择"Alarms"选项卡，打开如图 6-40 所示的窗口，首先需要选中"Enable alarms"复选框，启用报警功能。

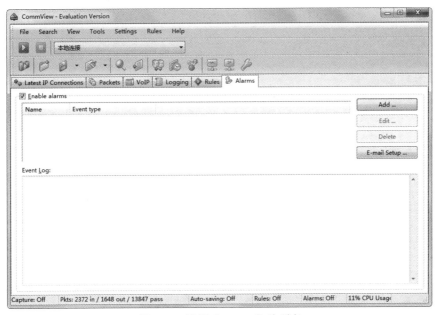

图 6-40　选择"Alarms"选项卡

（2）单击"Add"按钮，添加一个警报，打开如图 6-41 所示的"Alarm Setup"对话框，在"General"选项区域的"Name"文本框中为该警报设置一个名称。在"Alarm type"选项区域中选择警报类型，若选中"Packet occurrence"单选按钮，并在该框中设置数据包公式，当捕获到该类数据包时就会自动报警。例如，要将从 4000 端口传出的数据包作为警报，可输入公式 dir=out and dport=4000。

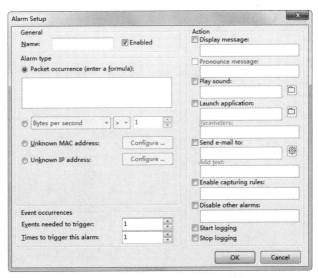

图 6-41　"Alarm Setup"对话框

注意： 对于 Unknown MAC address 和 Unknown IP address 单选按钮，如果选中并单击 "Configure" 按钮设置允许接收的添加 MAC 或 IP 地址，当捕获到不在该 MAC 或 IP 地址列表中的地址时就会发出警报。

（3）设置完成后单击 "OK" 按钮即可，该警报会添加到 "CommView" 窗口中的 "Alarms" 选项卡的列表框中。

提示： 重复操作可设置多个警报，如果某个警报不想使用，只要取消选中相应的复选框即可。

6.2.4 保存捕获数据

当数据捕获完成以后，为便于网络管理员以后再进行查看分析，可以将这些数据保存起来。在 "CommView" 窗口中，单击 "File" → "Save latest IP Connections As" 命令，将当前数据保存起来即可，并保存成网页表格形式。如果日后想查看相关信息，直接打开保存的网页即可，如图 6-42 所示。

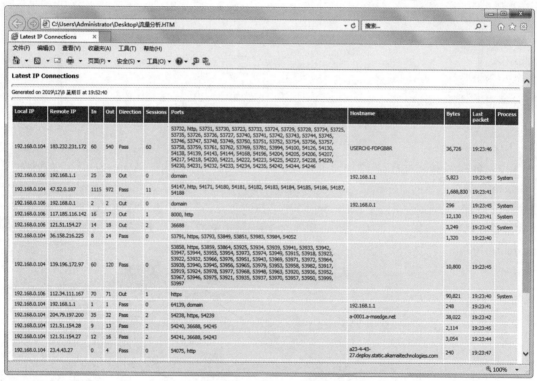

图 6-42 打开保存的数据

第 7 章

服务器监控和管理工具

对网络服务器进行管理和监控，可以提前发现故障，从而尽可能地将损失降到最低。在局域网中，常见的服务器有活动目录服务器、DHCP 服务器、DNS 服务器、Web 服务器、FTP 服务器等。多数情况下，服务器会部署在网络中的不同位置，所以对服务器的监管和管理也是一件比较困难的事。网络管理员可以使用网络服务监控工具（如 sMonitor 等）对服务器上的各种服务的运行状况进行实时了解和掌握；同时，网络管理员可以使用服务器管理工具（如 dcpromo 等）对服务器中的各种服务进行管理，如重启活动目录服务器、删除目录对象等。

本章主要介绍监控和管理服务器的工具的使用方法，如 sMonitor、Servers Alive、dcpromo、DSADD、Dsrm、Dcdiag 等。

7.1 网络服务监控工具

借助网络服务监控工具，可以有效地监视各种服务的运行状况。只需要管理计算机连接到网络中，即可监视服务器上的各种服务的运行状况，如 HTTP、FTP 等。

本节主要介绍 sMonitor 和 Servers Alive 这两款网络服务监控工具，其中 sMonitor 可以实时监视和管理服务器的各种服务；Servers Alive 不仅可以实时监控，还可以设置报警方式通知网络管理员。

7.1.1 网络服务监控工具：sMonitor

sMonitor 可以安装在网络中的服务器或任意一台计算机上，但要求这台计算机能够连接到要监控的服务器主机。

运行 sMonitor 以后，弹出如图 7-1 所示的"sMonitor"窗口，sMonitor 首先会检测本地计算机中各种服务的运行状况，并将检测到的服务显示在该窗口。

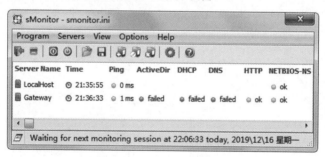

图 7-1 "sMonitor"窗口

提示：如果本地计算机中尚未运行某种服务，或这种服务失败，就会显示为"Failed"，正常运行的服务则会显示为"OK"。

sMonitor 运行以后，会自动在桌面任务栏的托盘区域生成一个小图标，当单击 sMonitor 窗口上的"关闭"按钮时，sMonitor 不会退出，而是最小化到托盘区域继续监控。如果要退出 sMonitor 程序，需右键单击托盘图标，在弹出的快捷菜单中选择"Exit"命令。

sMonitor 的最大特点是可以监控远程服务器上的各种服务，只要将要监控的服务器 IP 地址及监控的各种服务添加到 sMonitor 中，即可自动监控服务器中各种服务的运行。

【实验 7-1】监控 Server 服务器（IP：192.168.1.8）上各种服务的运行状态

具体操作步骤如下：

（1）在"sMonitor"窗口中，单击"Program"→"Stop"命令，如图 7-2 所示，停止 sMonitor 服务。

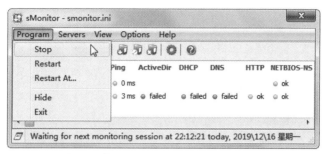

图 7-2　单击"Program"→"Stop"命令

（2）在"sMonitor"窗口中，单击"Server"→"Add"命令，如图 7-3 所示。添加要监控的服务。的"sMonitor Add/Edit Server"对话框。

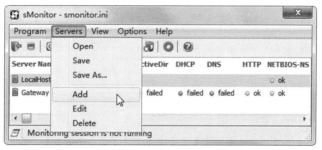

图 7-3　单击"Server"→"Add"命令

（3）在弹出的"sMonitor Add/Edit Server"对话框中，设置想要监控的服务器名称，以及想要监控服务器的主机名或 IP 地址，在"Service name"下拉列表中选择要监控的服务，然后单击"Add"按钮，添加到右侧列表中，如图 7-4 所示。

图 7-4　添加监控的服务器

（4）设置完成后，单击"Save"按钮保存，并返回"sMonitor"窗口，该远程服务器便显示在服务列表下面。单击"Program"→"Restart"命令，如图 7-5 所示。重新启动 sMonitor 中的各种服务，sMonitor 即可开始监控远程服务器上的网络服务。

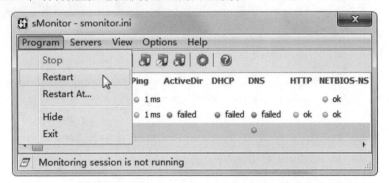

图 7-5　单击"Program"→"Restart"命令

提示：如果要监控的服务不在"Services name"下拉列表中，可以手动在"Service name"文本框中输入要监控的服务名称，并修改"Port"和"Protocol"，然后单击"Add"按钮添加即可。

（5）如果远程服务器上的各种服务正在正常运行，则显示为绿色的"OK"字样，否则会显示红色的"Failed"字样，如图 7-6 所示。

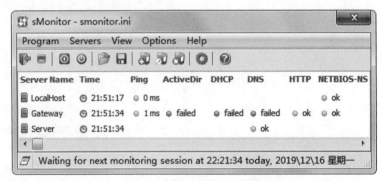

图 7-6　远程服务器上的服务

（6）如果想重新编辑远程服务器中的各种服务，首先需要停止对该服务器的监控，然后单击选中列表中的远程服务，再单击"Servers"→"Edit"命令，打开"sMonitor Add/Edit Server"对话框，即可重新修改所监控的各种服务。

7.1.2　网络服务监视器：Servers Alive

Servers Alive 的主要功能是监控远程服务器上所运行的各种服务的状态，是一款功能强大的监控软件。与 sMonitor 相比，当服务器出现问题时，Servers Alive 还可以使用多种方式报警，如发出声音、发送 E-mail 等。

使用 Servers Alive 监控远程服务器的操作如下：

（1）运行 Server Alive，弹出如图 7-7 所示的"Servers Alive"窗口，添加需要监控的内容，单击"Add"按钮。

图 7-7 "Servers Alive"窗口

（2）在弹出如图 7-8 所示的"Entries"对话框中，选择"General"选项卡，在"Server name or IP[X] address:"文本框中输入要监控的服务器的主机名或 IP 地址。

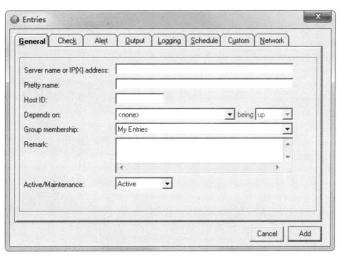

图 7-8 "Entries"对话框

（3）选择"Check"选项卡，设置检测项目，如图 7-9 所示。在"Check to use"下拉列表框中选择要监控的项目，如 Ping、各种服务（NT Service）等。

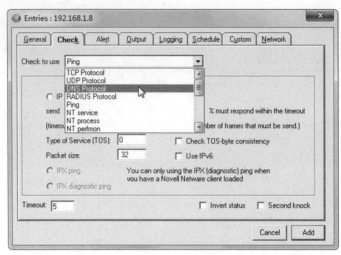

图 7-9 设置检测项目

（4）选择"Alert"选项卡，设置警报方式，单击"ADD"按钮，弹出如图 7-10 所示的快捷菜单，Servers Alive 提供了多种警报方式，如发送邮件（Send SMTP mail）、Sound 等，根据需要进行设置即可。

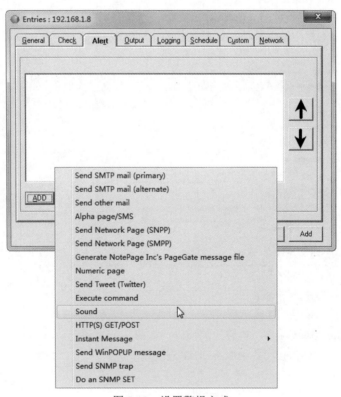

图 7-10 设置警报方式

（5）在弹出的"Add/edit alert"对话框中，设置警报声音，如图 7-11 所示。单击"Sound to hear"文本框右侧的按钮，在弹出的对话框中选择相应的声音文件。

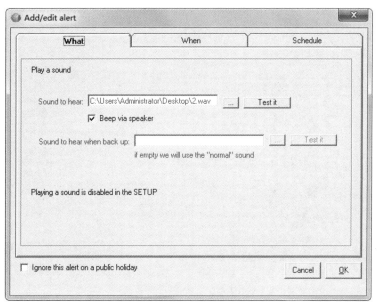

图 7-11 设置警报声音

（6）选择"When"选项卡，根据用户实际需要设置发送报警的条件；选择"Schedule"选项卡，设置发出警报的时间，如图 7-12 所示。默认在任意时间都可以使用警报，如果需要在某段时间不发出警报，则需要选中"Use alert schedule"复选框，然后，在绿色方格区域中选中"Saturday"和"Sunday"区域，单击"Don't Alert"按钮，该区域就会变成红色，表示在该时间段内不使用警报。

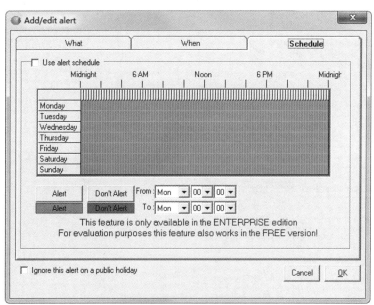

图 7-12 设置发出警报的时间

（7）设置完成后，单击"OK"按钮，该警报即可添加到"Entries"对话框中的"Alert"列表框中，如图 7-13 所示。重复操作，可以添加多种方式的报警。

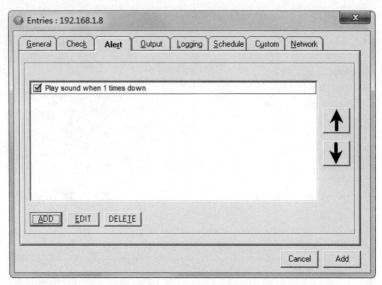

图 7-13　添加的警报

（8）为了方便网络管理员查看警报的结果，可以将结果输出为网页形式。选择"Output"选项卡，单击"ADD"按钮，如图 7-14 所示。

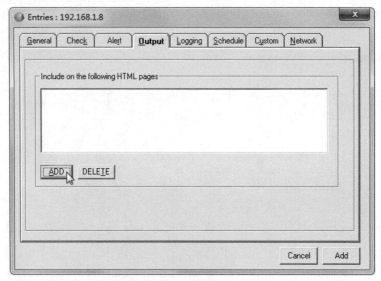

图 7-14　单击"ADD"按钮

（9）在弹出的"Add HTML page"对话框中，单击"OK"按钮，如图 7-15 所示。添加一个 HTML 网页。

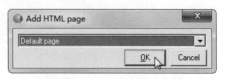

图 7-15　单击"OK"按钮

（10）选择"Logging"选项卡，设置要记录的日志类型，如图 7-16 所示。Servers Alive 可以将每次的运行状况记录到监控日志中。

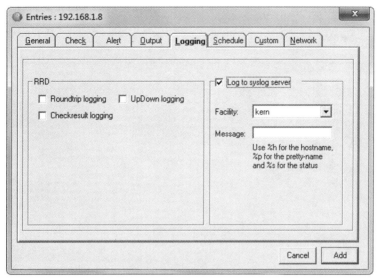

图 7-16　设置要记录的日志类型

（11）选择"Schedule"选项卡，设置监控时间表，如图 7-17 所示。默认每天 24 小时都会自动监测。

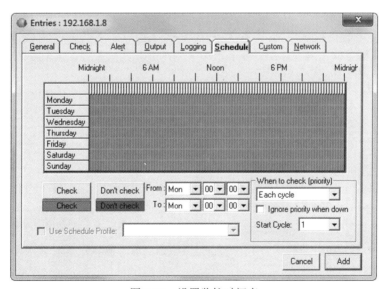

图 7-17　设置监控时间表

（12）单击"Add"按钮，该监控服务便会添加到"Server Alive"窗口中，如图 7-18 所示。重复操作，可以添加多个监控服务。

（13）单击"Commands"选项区域的"Start"按钮，Servers Alive 即可开始进行监控，并且每隔 5 分钟检测一次，监测结果会显示在主窗口上方。

图 7-18 监控内容

提示：选中某个监控的项目，单击"Edit"按钮即可编辑该项目；单击"Setup"按钮可设置 Servers Alive；单击"About"按钮显示 Servers Alive 的版本等信息；单击"Exit"按钮退出 Servers Alive。默认会监控所有添加的服务，如果不想监控某项服务，只要取消该服务相应的复选框即可。

7.2 服务器管理工具

在企业网络中，服务器中一般都安装了各种网络服务，如FTP服务、Web服务和E-mail服务等，而保证这些网络服务正常运行的基础是服务器的"活动目录"的正确配置。因此，服务器管理的主要工作就是管理活动目录，活动目录管理主要包括域控制器和对象管理、组策略管理，以及用户管理等内容。

本节主要介绍管理服务器的常用工具，如管理域控制器工具、目录对象添加工具、删除目录对象工具和域控制器诊断工具等。

7.2.1 管理域控制器

通常情况下，安装域控制器时都是使用"配置您的服务器向导"或"Windows组件向导"来完成，操作比较烦琐。事实上，在安装域控制器时，直接运行 dcpromo 命令即可启动 Active Directory 安装向导。

dcpromo 命令的格式为：

```
dcpromo /unattend[:filename] /adv /uninstallBinaries /?[:{Promotion | CreateDcAccount
| UseExistingAccount | Demotion}]
```

用户可以通过在命令提示符下运行"dcpromo/？"命令来查看 dcpromo 命令的格式及参数，
如图 7-19 所示。各种参数的含义如下表 7-1 所示。

图 7-19 dcpromo 命令及格式

表 7-1 dcpromo 命令参数的含义

参数	含 义
unattend[:filename]	用于指定无人参与操作模式或提供无人参与安装脚本文件
Adv	启用高级用户选项
uninstallBinaries	用于卸载 Active Directory 域服务二进制文件
CreateDCAccount	创建 RODC 账户

在 Windows Server 2008 R2 操作系统中，单击"开始"→"所有程序"→"附件"→"命令提示符"
命令，打开"命令提示符"窗口，在命令行提示符下输入 dcpromo，如图 7-20 所示。

图 7-20 输入 dcpromo 命令

按回车键，弹出如图 7-21 所示的"Active Directory 域服务安装向导"对话框，使用该向导即可安装域控制器。

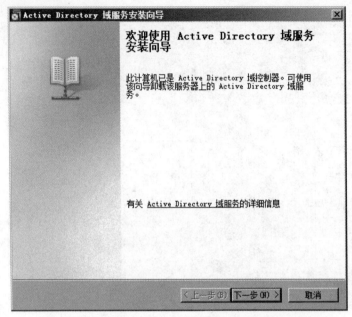

图 7-21　"Active Directory 域服务安装向导"对话框

7.2.2　目录对象添加工具

使用 dsadd 命令，可以向活动目录中添加特定类型的对象，包括计算机账户、用户、组、组织单元、服务器、分区等目录对象。dsadd 命令的含义如表 7-2 所示。

表 7-2　dsadd 命令含义

命令	含　义
dsadd computer	将计算机添加目录
dsadd contact	将联系人添加到目录
dsadd group	将组添加到目录
dsadd ou	将组织单位添加到目录
dsadd user	将用户添加到目录

1. dsadd computer（将计算机添加到目录）

dsadd computer 命令的格式为：

```
dsadd computer <ComputerDN> [-samid <SAMName>] [-desc <Description>] [-loc
<Location>] [-memberof <Group...>] [{-s<Server>| -d <Domain>}] [-u <UserName>] [-p
{<Password> | *}] [-q] [{-uc | -uco | -uci}]
```

各种参数的含义如下表 7-3 所示。

表 7-3　dsadd computer 参数的含义

参数	含义
ComputerDN	要添加的计算机的可分辨名称（DN）
-samid <SAMName>	将计算机 SAM 账户名设置为 <SAMName>。如果未指定该参数，则会从 <ComputerDN> 中使用的公用名（CN）属性值中导出 SAM 账户名
-desc <Description>	将计算机描述设置为 <Description>
-loc <Location>	将计算机位置设置为 <Location>
-memberof <Group...>	使计算机成为以空格分隔的 DN 列表中提供的一个或多个组 <Group ...> 的成员
{-s <Server>|-d <Domain>}	-s <Server> 使用名称 <Server> 连接到 AD DC/LDS 实例。-d <Domain> 连接到域 <Domain> 中的 AD DC。默认：登录域中的 AD DC
-u <UserName>	以 <UserName> 身份连接。默认：登录的用户。用户名可以采用：用户名、域 \ 用户名或用户主体名称（UPN）
-p {<Password> | *}	用户 <UserName> 的密码。如果输入 *，则会提示您输入密码
-q	安静模式：将所有输出抑制为标准输出
-uc	指定从管道的输入或到管道的输出采用 Unicode 格式
-uco	指定到管道或文件的输出采用 Unicode 格式
-uci	指定从管道或文件的输入采用 Unicode 格式

　　用户可以通过在命令提示符下运行"dsadd computer / ？"命令来查看 dsadd computer 命令的格式及参数，如图 7-22 所示。

图 7-22　dsadd computer 命令的格式及参数

【实验 7-2】向活动目录中添加名为 jiuyi08 的计算机账户
具体操作步骤如下：

（1）在 Windows Server 2008 R2 操作系统的"运行"对话框中，输入 cmd 命令，单击"确定"按钮。

（2）在弹出的"命令行提示符"窗口中，输入 dsadd computer cn=jiuyi08, cn=computers,dc=company,dc=com 命令，按回车键，即可添加 jiuyi08 计算机账户，如图 7-23 所示。

图 7-23　添加计算机账户 jiuyi08

（3）单击"开始"→"管理工具"→"Active Directory 用户和计算机"命令，打开"Active Directory 用户和计算机"窗口，展开左侧的"company.com"域，打开组织单元"computers"，可以看到成功添加的用户 jiuyi08，如图 7-24 所示。

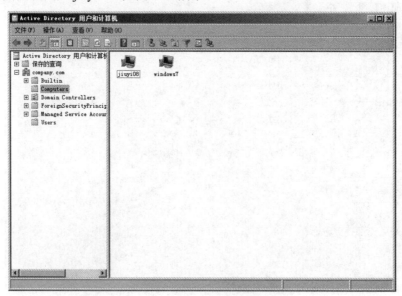

图 7-24　用户 jiuyi08 成功添加

提示：用户名必须遵循 LDAP 命名规范。

2. dsadd contact

dsadd contact 命令的格式为：

```
dsadd contact <ContactDN>[-fn <FirstName>] [-mi<Initial>][-ln <LastName>] [-display
<DisplayName>] [-desc<Description>][-office<Office>] [-tel<Phone#>][-email <Email>]
[-hometel <HomePhone#>] [-pager <Pager#>] [-mobile <CellPhone#>][-fax <Fax#>][-iptel
<IPPhone#>] [-title <Title>][-dept <Department>] [-company <Company>][{-s <Server> | -d
<Domain>}] [-u <UserName>][-p {<Password> | *}] [-q] [{-uc | -uco | -uci}]
```

用户可以通过在命令提示符下运行"dsadd contact / ？"命令来查看 Dsadd contact 命令的格式及参数，如图 7-25 所示。各种参数的含义如下表 7-4 所示。

图 7-25　dsadd contact 命令的格式及参数

表 7-4　dsadd contact 命令参数的含义

参数	含 义
<ContactDN>	必需项。要添加的联系人的可分辨名称 (DN)。如果目标对象被省略，将从标准输入 (stdin) 获取
-fn <FirstName>	设置联系人名为 <FirstName>
-mi <Initial>	设置联系人中间名首字母为 <Initial>
-ln <LastName>	设置联系人姓为 <LastName>
-display <DisplayName>	设置联系人显示名为 <DisplayName>
-desc <Description>	设置联系人说明为 <Description>
-office <Office>	设置联系人办公室位置为 <Office>
-tel <Phone#>	设置联系人电话号码为 <Phone#>
-email <Email>	设置联系人电子邮件地址为 <Email>。
-hometel <HomePhone#>	设置联系人住宅电话号码为 <HomePhone#>
-pager <Pager#>	设置联系人寻呼机号码为 <Pager#>

参数	含 义
-mobile <CellPhone#>	设置联系人便携式电话号码为 <CellPhone#>
-fax <Fax#>	设置联系人传真号码为 <Fax#>
-iptel <IPPhone#>	设置联系人 IP 电话号码为 <IPPhone#>
-title <Title>	设置联系人的职务为 <Title>
-dept <Department>	设置联系人部门为 <Department>
-company <Company>	设置联系人公司信息为 <Company>
-s <Server>	连接到带有名称 <Server> 的 AD DC/LDS 实例
-d <Domain>	连接到域 <Domain> 中的 AD DC。默认：登录域中的 AD DC
-u <UserName>	以 <UserName> 连接。默认：已登录用户。用户名可以是：用户名、域\用户名或用户主体名称(UPN)
-p {<Password> | *}	用户 <UserName> 的密码。如果输入 *，将提示您输入密码

【实验 7-3】向活动目录中添加 test 联系人

具体操作步骤如下：

（1）在 Windows Server 2008 R2 操作系统的"运行"对话框中，输入 cmd 命令，单击"确定"按钮。

（2）在弹出的"命令行提示符"窗口中，输入 dsadd contact cn=test, OU=xshn,dc=company, dc=com 命令，按回车键，即可添加 test 联系人，如图 7-26 所示。

图 7-26　为组 xshn 添加 test 联系人

（3）单击"开始"→"管理工具"→"Active Directory 用户和计算机"命令，打开"Active Directory 用户和计算机"窗口，展开左侧的"company.com"域，打开组织单元"xshn"，可以看到成功添加的用户 test，如图 7-27 所示。

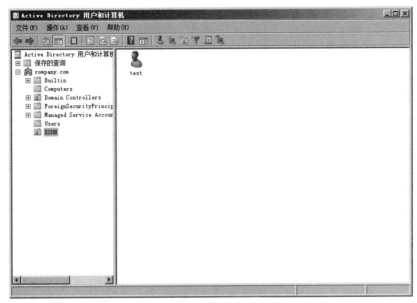

图 7-27 查看所添加的用户

3. dsadd group（将组添加到目录）

dsadd group 命令的格式为：

```
dsadd group <GroupDN>[-secgrp {yes|no}] [-scope {l|g|u}] [-samid <SAMName>]
[-desc<Description>][-memberof<Group...>][-members<Member...>][{-s<Server>|-d<Domain>}]
[-u<UserName>][-p{<Password>|*}] [-q][{-uc|-uco|-uci}]
```

用户可以通过在命令提示符下运行"dsadd group /?"命令来查看 dsadd group 命令的格式及参数，如图 7-28 所示。各种参数的含义如下表 7-5 所示。

图 7-28 dsadd group 命令的格式及参数

表 7-5　dsadd group 参数的含义

参　数	含　义
<GroupDN>	必需项。要添加的组的可分辨名称（DN）
-secgrp {yes | no}	是 (yes) 否 (no) 将该组设置为安全组。默认：yes
-scope {l | g | u}	设置该的作用域：本地、全局或通用
-samid <SAMName>	设置组的 SAM 账户名称为 <SAMName>（例如 operators）
-desc <Description>	设置组说明为 <Description>
-memberof <Group...>	使该组成为由空格分隔的 DNs <Group ...> 列表给定的一个或多个组的成员
-members <Member...>	添加一个或多个成员到该组。成员由空格分隔的 DNs <Member ...> 列表设置
{-s <Server>| -d <Domain>}	-s <Server> 连接到带有名称 <Server> 的 AD DC/LDS 实例。-d <Domain> 连接到域 <Domain> 中的 AD DC。默认：登录域中的 AD DC
-u <UserName>	以 <UserName> 连接。默认：已登录用户。用户名可以是：用户名、域＼用户名或用户主体名称

【实验 7-4】向活动目录中添加 BOOK 组

具体操作步骤如下：

（1）在 Windows Server 2008 R2 操作系统的"运行"对话框中，输入 cmd 命令，单击"确定"按钮。

（2）在弹出的"命令行提示符"窗口中，输入 dsadd group "CN=BOOK, dc=company,dc=com 命令，按回车键，即可添加 BOOK 组，如图 7-29 所示。

图 7-29　为显示成功添加一个组

（3）单击"开始"→"管理工具"→"Active Directory 用户和计算机"命令，打开"Active Directory 用户和计算机"窗口，展开左侧的"company.com"域，可以看到成功添加的组 BOOK，如图 7-30 所示。

图 7-30 显示添加的组 BOOK

4. dsadd ou（将组织单位添加到目录）

dsadd ou 命令的格式为：

```
dsadd ou <OrganizationalUnitDN> [-desc <Description>][{-s <Server> | -d <Domain>}]
[-u <UserName>][-p {<Password>| *}] [-q] [{-uc |-uco|-uci}]
```

各种参数的含义如下表 7-6 所示。

表 7-6 dsadd ou 命令参数的含义

参数	含 义
<OrganizationalUnitDN>	必需项。要添加的组织单位（OU）的可分辨名称（DN）。如果目标对象被忽略，将从标准输入（stdin）获取
-desc <Description>	设置组织单位说明为 <Description>
-s <Server>	连接到带有名称 <Server> 的 AD DC/LDS 实例
-d <Domain>	连接到域 <Domain> 中的 AD DC。默认：登录域中的一个 AD DC
-u <UserName>	以 <UserName> 连接。默认：已登录用户。用户名可以是：用户名、域\用户名或用户主体名称（UPN）

提示： 格式中的"-p{<Password> | *}""-q""-uc""-uco""-uci"等参数在前面的表 7-3 中已有描述，在此不再赘述，读者参照学习即可。

用户可以通过在命令提示符下运行"dsadd ou /?"命令来查看 dsadd ou 命令的格式，如图 7-31 所示。

图 7-31 Dsadd ou 命令的格式及参数

【实验 7-5】向活动目录中添加 testbook 组织单元

具体操作步骤如下：

（1）在 Windows Server 2008 R2 操作系统的"运行"对话框中，输入 cmd 命令，单击"确定"按钮。

（2）在弹出的"命令行提示符"窗口中，输入 dsadd OU "OU=testbook, DC=company,dc=com" -desc" test" 命令，按回车键，即可添加 testbook 组织单元，如图 7-32 所示。

图 7-32 成功添加一个组织单元

（3）单击"开始"→"管理工具"→"Active Directory 用户和计算机"命令，打开"Active Directory 用户和计算机"窗口，展开左侧的"company.com"域，可以看到成功添加的组织单元，如图 7-33 所示。

图 7-33　显示添加的组织单元

7.2.3　删除目录对象工具

dsrm 命令用来从目录中删除某种特定类型的对象或任何常规对象，包括计算机账户、用户、组、组织单元、服务器、分区、站点等目录对象。

dsrm 命令的格式为：

```
dsrm <ObjectDN ...> [-noprompt] [-subtree [-exclude]] [{-s <Server> | -d <Domain>}]
[-u <UserName>] [-p {<Password> | *}] [-c] [-q] [{-uc | -uco | -uci}]
```

各种参数的含义如下表 7-7 所示。

表 7-7　dsrm 命令参数的含义

参数	含 义
<ObjectDN ...>	必需项 /stdin。要删除的对象的一个或多个可分辨名称（DN）
-noprompt	不要提示删除确认
-subtree [-exclude]	删除对象子树以下的对象或所有对象。-exclude 删除子树时不删除对象本身
{-s <Server> | -d <Domain>}	-s <Server> 使用名称 <Server> 连接到 AD DC/LDS 实例。-d <Domain> 连接到域 <Domain> 中的 AD DC
-u <UserName>	以 <UserName> 身份连接。用户名可以是：用户名、域\用户名，或用户主体名称（UPN）

提示：部分参数与 dsadd computer 命令的参数相同，在这里不再重复介绍。

用户可以通过在命令提示符下运行 "dsrm /?" 命令来查看 dsrm 命令的格式及参数，如图 7-34 所示。

图 7-34 dsrm 命令的格式及参数

在 Windows Server 2008 R2 操作系统中，单击"开始"→"所有程序"→"附件"→"命令提示符"命令，打开"命令提示符"窗口，在命令行提示符下输入 dsrm –subtree –noprompt –c ou=testbook,dc=company,dc=com，按回车键，即可将 testbook 组织单位及其下所有对象删除，如图 7-35 所示。

图 7-35 删除 testbook 组织单位及其下的所有对象

在命令行提示符下输入 dsrm –subtree –exclude –noprompt –c ou=XSHN,dc=company,dc=com，按回车键，显示如图 7-36 所示的运行结果。

图 7-36 删除 XSHN 组织单位中的所有对象

命令成功执行后，即可删除组织单位 XSHN 下的所有对象，如图 7-37 所示。

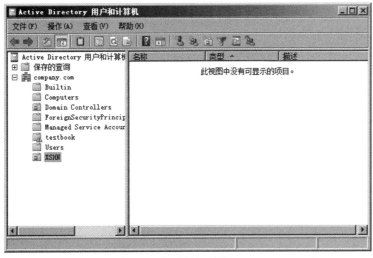

图 7-37 查看组织单位 XSHN

7.2.4 域控制器诊断工具

dcdiag 命令是域控制器诊断工具，可以分析目标林或"组织单位"中的域控制器状态，并将诊断结果生成报告。Dcdiag 命令可以测试的项目包括连通性、复制、安全边界等。

dcdiag 命令的格式为：

```
dcdiag.exe /s:<Directory Server>[:<LDAP Port>][/u:<Domain>\<Username>/
p:*|<Password>|""][/hqv][/n:<Naming Context>][/f:<Log>] [/x:XMLLog.xml][/skip:<Test>][/
test:<Test>]
```

各种参数的含义如下表 7-8 所示。

表 7-8　dcdiag 命令参数的含义

参数	含义
S	使用 <Directory Server> 作为主服务器。对只能在本地 RegisterInDns 测试忽略
/n	使用 <Naming Context> 作为要测试的命名上下文域可能以 Netbios、DNS 或 DN 的形式来指定
/u	使用域\用户名凭据进行绑定。还必须使用 /p 选项
/p	使用 <Password> 作为密码。还必须使用 /u 选项
/a	测试此站点中的所有服务器
/e	测试整个企业中的所有服务器
/q	安静 - 仅打印错误消息
/v	详细 - 打印扩展信息
/i	忽略 - 忽略多余的错误消息
/c	综合运行所有测试，包括非默认测试但不包括 DcPromo 和 RegisterInDNS。可以和 /skip 一起使用
/fix	解决 - 进行安全修复

用户可以通过在命令提示符下运行"dcdiag /?"命令来查看dcdiag命令的格式及参数，如图7-38所示。

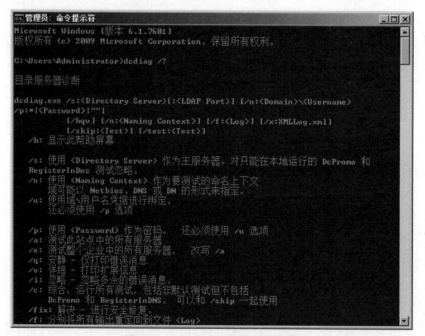

图 7-38　dcdiag 命令的格式及参数

在 Windows Server 2008 R2 操作系统中，单击"开始"→"所有程序"→"附件"→"命令提示符"命令，打开"命令提示符"窗口，在命令行提示符下输入 dcdiag /s:server，按回车键，即可显示有关 DC 的详细信息，如图 7-39 所示。

图 7-39　显示有关 DC 的详细信息

在命令行提示符下输入 dcdiag /s:server /test:connectivity，按回车键，显示如图 7-40 所示的运行结果，我们可以参照该结果诊断域控制器的连通性。

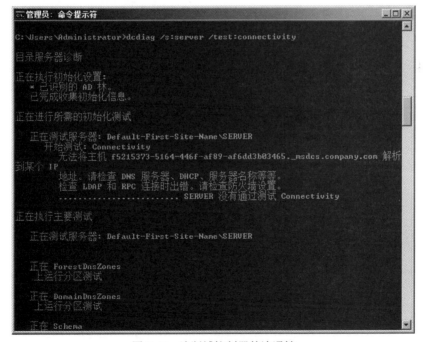

图 7-40　诊断域控制器的连通性

在命令行提示符下输入 dcdiag /a，按回车键，显示如图 7-41 所示的运行结果，测试系统中的所有服务器。

图 7-41　测试系统中的所有服务器

在命令行提示符下输入 dcdiag /e /test:frssysvol，按回车键，显示如图 7-42 所示的运行结果，验证所有的域控制器是否具有共享的 Sysvol 共享。

图 7-42　验证所有的域控制器是否具有共享的 Sysvol 共享

第 8 章

网络安全测试工具

网络服务器和客户端常常成为网络黑客攻击的目标，为了保证系统和数据的安全，网络管理员需要及时发现服务器、客户端所存在的安全漏洞，并进行迅速修复。此时，网络管理员需要借助网络安全测试工具来完成这些工作。

本章主要介绍网络安全测试工具的使用方法，如 Qcheck、IxChariot、Ping Plotter 等。

8.1 网络安全扫描工具

TCP 端口和 UDP 端口，就像计算机的多个不同的门，通过任何一个门均可到达系统。无论攻击方法多么高明，均必须使用 TCP 端口或 UDP 端口。因此，将系统中的危险端口或者非必要的端口关闭，可以在一定程度上保证计算机的安全。

8.1.1 TCP 和 UDP 连接测试工具：Netstat 命令

Netstat 命令是 Windows 内置的一个工具，该工具功能非常强大，使用该工具可以查看本地 TCP、ICMP、UDP、IP 协议的使用情况，查看系统端口的开放情况，显示活动的 TCP 连接、计算机侦听的端口、以太网统计信息、IP 路由表等。

即扫即看

Netstat 和 Nbtstat 是 Windows 内置的两款工具，Netstat 功能强大，Nbtstat 用于查看在 TCP/IP 协议之上运行 NetBIOS 服务的统计数据，并可以查看本地远程计算机上的 NetBIOS 名称列表。SmartSniff 嗅探工具和网络数据包嗅探专家都是第三方软件，SmartSniff 嗅探工具能捕获自己的网络适配器的 TCP/IP 数据包，网络数据包嗅探专家功能全面，能够完整地捕捉到所处局域网中所有计算机的上行、下行数据包。

1. Netstat 命令的格式

Netstat 命令的格式为：

```
Netstat [-a] [-b] [-e] [-f] [-n] [-o] [-p proto] [-r] [-s] [-t] [interval]
```

各种参数的含义如下表 8-1 所示。

表 8-1　Netstat 命令参数的含义

参　　数	含　　义
-a	显示所有连接和侦听端口
-b	显示在创建每个连接或侦听端口时涉及的可执行程序
-e	显示以太网统计。此选项可以与 -s 选项结合使用
-f	显示外部地址的完全限定域名（FQDN）
-n	以数字形式显示地址和端口号
-o	显示拥有的与每个连接关联的进程 ID
-p proto	显示 proto 指定的协议的连接，proto 可以是下列任何一个：TCP、UDP、TCPv6 或 UDPv6
-r	显示路由表

续上表

参　数	含　义
-s	显示每个协议的统计。默认情况下，显示 IP、IPv6、ICMP、ICMPv6、TCP、TCPv6、UDP 和 UDPv6 的统计；-p 选项可用于指定默认的子网
-t	显示当前连接卸载状态
Interval	重新显示选定的统计，各个显示之间暂停的间隔秒数。按【CTRL+C】组合键停止重新显示统计

用户可以通过在命令提示符下运行"Netstat/？"命令来查看 Netstat 命令的格式及参数，如图 8-1 所示。

图 8-1　Netstat 命令的格式及参数

2．Netstat 命令的应用

下面介绍 Netstat 命令的常用方式，如查看服务器活动的 TCP、查看本机路由信息、查看本机所有活动的 TCP 连接、查看系统开放的端口等。

基本操作步骤如下：

（1）在【命令行提示符】窗口中，输入"Netstat –n"，按 Enter 键，可查看服务器活动的 TCP/IP 连接，如图 8-2 所示。

图 8-2　查看服务器活动的 TCP/IP 连接

（2）在命令行提示符窗口中，输入"Netstat –r"，按 Enter 键，可查看本机路由信息内容，如图 8-3 所示。

图 8-3　查看本机路由信息内容

（3）在命令行提示符窗口中，输入"Netstat –a"，按 Enter 键，可查看本机所有活动的 TCP 连接，如图 8-4 所示。

（4）在命令行提示符窗口中，输入"Netstat –n -a"，按 Enter 键，即可显示本机所有连接的端口及其状态，如图 8-5 所示。

图 8-4　查看本机所有活动的 TCP 连接

图 8-5　查看本机所有连接的端口及其状态

8.1.2　嗅探工具：SmartSniff

SmartSniff 可以让用户捕获自己的网络适配器的 TCP/IP 数据包，并且可以按顺序查看客户端与服务器之间会话的数据。SmartSniff 嗅探工具支持 IP 过滤，可以不显示自己的和你认为不需要显示出来的 IP。

【实验 8-1】使用 SmartSniff 捕获 TCP/IP 数据包

具体操作步骤如下：

（1）在 Windows 10 系统中运行 SmartSniff，打开"SmartSniff"窗口，单击"开始捕获"按钮，如图 8-6 所示。

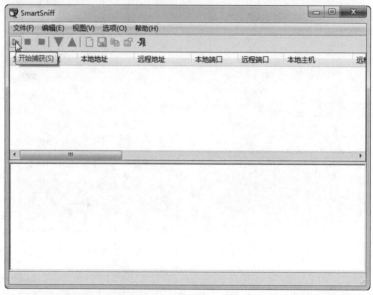

图 8-6　单击"开始捕获"按钮

（2）在弹出的"捕获选项"对话框中，选择网络适配器和捕获方法，然后单击"确定"按钮，如图 8-7 所示，开始捕获当前主机与网络服务器之间传输的数据。

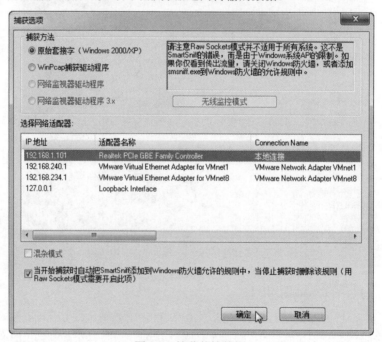

图 8-7　捕获传输数据

（3）单击"停止捕获"按钮，停止捕获数据，如图 8-8 所示。

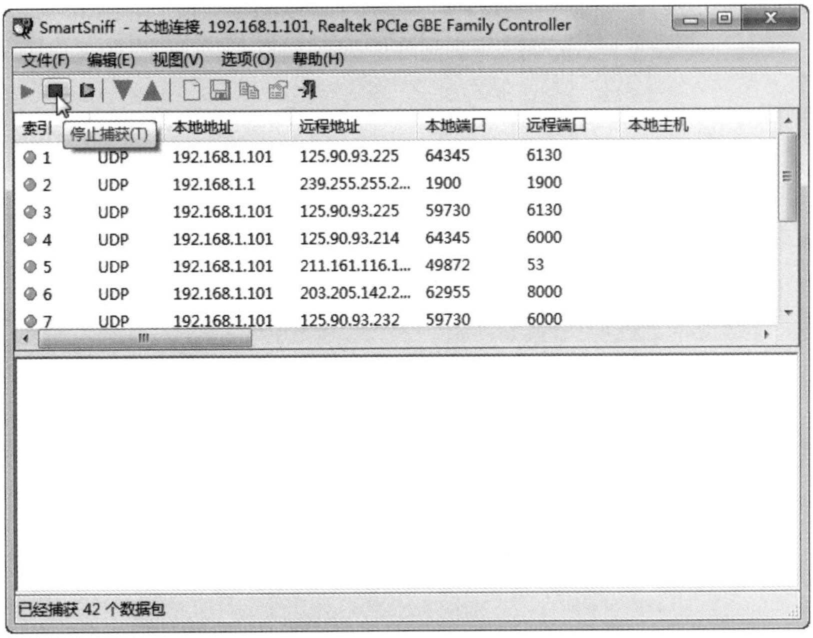

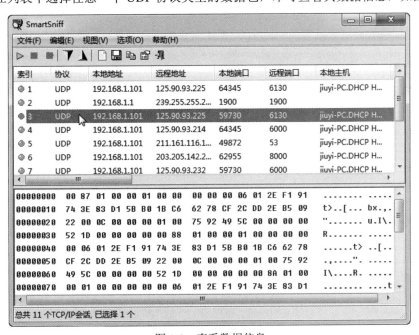

图 8-8　停止捕获数据

（4）在列表中选择任意一个 UDP 协议类型的数据包，即可查看其数据信息，如图 8-9 所示。

图 8-9　查看数据信息

（5）在列表中选中任意一个数据包，单击"文件"→"属性"命令，在弹出的"属性"对话框中可以查看其属性信息，如图 8-10 所示。

图 8-10　查看数据信息属性

（6）在列表中选中任意一个数据包，单击"视图"→"网页报告 -TCP/IP 数据流"命令，即可以网页形式查看数据流报告，如图 8-11 所示。

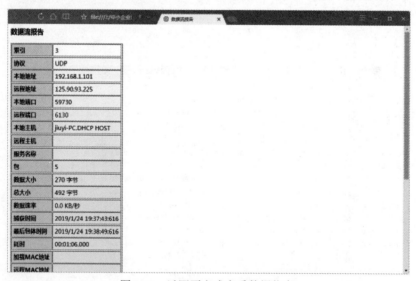

图 8-11　以网页方式查看数据信息

8.1.3　网络数据包嗅探专家

网络数据包嗅探专家是一款监视网络数据运行的嗅探器，它能够完整地捕捉到所处局域网中所有计算机的上行、下行数据包，用户可以将捕捉到的数据包保存下来，以进行监视网络流量、分析数据包、查看网络资源利用、执行网络安全操作规则等操作。

与 SmartSniff 嗅探工具相比，网络数据包嗅探专家能捕获局域网中所有的数据，而 SmartSniff 嗅探工具仅能捕获客户端的数据。

【实验 8-2】使用网络数据包嗅探专家捕获 TCP/IP 数据包

具体操作步骤如下：

（1）在 Windows 10 系统中运行网络数据包嗅探专家，打开"网络数据包嗅探专家 2019"窗口，单击"开始嗅探"按钮，开始捕获当前网络数据，如图 8-12 所示。

图 8-12 单击"开始嗅探"按钮

（2）单击"停止嗅探"按钮，如图 8-13 所示，停止捕获数据包，当前的所有网络连接数据将在下方显示出来。

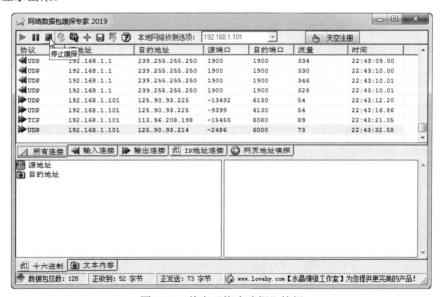

图 8-13 单击"停止嗅探"按钮

（3）单击"IP 地址连接"按钮，将在上方窗格中显示前一段时间内输入与输出数据的源地址与目标地址，如图 8-14 所示。

图 8-14　单击"IP 地址连接"按钮

（4）单击"网页地址嗅探"按钮，即可查看当前所连接网页的详细地址和文件类型，如图 8-15 所示。

图 8-15　单击"网页地址嗅探"按钮

8.1.4　网络邻居信息探测工具：Nbtstat 命令

Nbtstat 工具可以显示本地计算机和远程计算机的 NetBIOS 名称表和 NetBIOS 名称缓存。同时，Nbtstat 可以刷新本地计算机和远程计算机的 NetBIOS 名称缓存。

1. Nbtstat 命令的格式

Nbtstat 命令的格式为：

```
NBTSTAT [ [-a RemoteName] [-A IP address] [-c] [-n] [-r] [-R] [-RR] [-s] [-S] [interval] ]
```

各种参数的含义如下表 8-2 所示。

表 8-2　Nbtstat 命令参数的含义

参数	含义
-a（适配器状态）	列出指定名称的远程机器的名称表
-A（适配器状态）	列出指定 IP 地址的远程机器的名称表
-c（缓存）	列出远程 [计算机] 名称及其 IP 地址的 NBT 缓存
-n（名称）	列出本地 NetBIOS 名称
-r（已解析）	列出通过广播和经由 WINS 解析的名称
-R（重新加载）	清除和重新加载远程缓存名称表
-S（会话）	列出具有目标 IP 地址的会话表
-s（会话）	列出将目标 IP 地址转换成计算机 NETBIOS 名称的会话表
RemoteName	远程主机计算机名。IP address：用点分隔的十进制表示的 IP 地址。interval 重新显示选定的统计、每次显示之间暂停的间隔秒数。按 Ctrl+C 停止重新显示统计

用户可以通过在命令提示符下运行"Nbtstat/？"命令来查看 Nbtstat 命令的格式及参数，如图 8-16 所示。

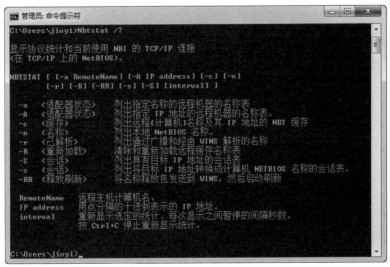

图 8-16　Nbtstat 命令的格式及参数

2. Nbtstat 命令的应用

下面介绍 Nbtstat 命令的常用方式，如查看目标计算机 NetBIOS 名称、查看当前计算机 NetBIOS 名称等。

【实验 8-3】查看目标计算机和当前计算机的 NetBIOS

具体操作步骤如下：

（1）在【命令行提示符】窗口中，输入"Nbtstat –a 192.168.1.104"，按 Enter 键，可查看 IP 地址为 192.168.1.104 的计算机的 NetBIOS 名称，如图 8-17 所示。

图 8-17　查看目标计算机 NetBIOS 名称

（2）在命令行提示符窗口中，输入"Nbtstat –n"，按 Enter 键，可查看当前计算机的 NetBIOS 名称，如图 8-18 所示。

图 8-18　查看当前计算机 NetBIOS 名称

（3）在命令提示符窗口中使用命令"Nbtstat -R"，按 Enter 键，即可完成 NBT 远程缓存名称表的成功清除和预加载，如图 8-19 所示。

图 8-19　清除 NetBIOS 缓存

（4）在命令提示符窗口中使用命令"Nbtstat –S 10"，按 Enter 键，即可开始每隔 10s 统计不同 IP 地址显示的 NetBIOS 会话记录，如图 8-20 所示。

图 8-20　统计 NetBIOS 会话记录

8.2　网络端口扫描工具

计算机系统中存在很多端口，这些端口相当于计算机的不同的门。如果其中任何一个端口被病毒或木马利用，都会影响系统和软件的正常使用。

端口扫描工具很多，本节主要介绍 Nmap 扫描器、ScanPort 扫描器和 X-Scan 扫描器，其中 Nmap 扫描器是一款专业的端口扫描工具，ScanPort 扫描器扫描速度快，X-Scan 扫描器支持多线程扫描。

8.2.1　Nmap 扫描器

Nmap 扫描器是一款针对大型网络的端口扫描工具，包含多种扫描选项，它对网络中被检测到的主机按照选择的扫描选项和显示节点进行探查。

使用 Nmap 扫描器扫描端口的基本操作如下：

（1）在 Windows 10 系统桌面上双击 Nmap - Zenmap GUI 快捷图标，打开 Zenmap 窗口，在"目标"文本框中输入主机的 IP 地址或网址，要扫描某个范围内的主机，也可以输入一个 IP 地址范围，如 192.168.1.1-150，如图 8-21 所示。

图 8-21　输入目标主机 IP 地址

（2）单击"扫描"按钮开始扫描，即可在"Nmap 输出"选项卡中显示扫描信息，在扫描结果信息中，可以看到扫描对象当前开放的端口，如图 8-22 所示。

图 8-22　显示扫描信息

提示：在扫描时，还可以用"*"通配符替换 IP 地址中的任何一部分，如 192.168.1.* 等同于 192.168.1.1-255；要扫描一个大范围内的主机，可以输入 192.168.1，2，3.*，此时将扫描 192.168.1.0、192.168.2.0、192.168.3.0 三个网络中所有地址。

（3）选择"端口 / 主机"选项卡，可以查看到当前主机显示的端口、协议、状态和服务信息，如图 8-23 所示。

图 8-23　"端口 / 主机"选项卡

（4）选择"拓扑"选项卡，可以查看到当前网络中电脑的拓扑结构，如图 8-24 所示。

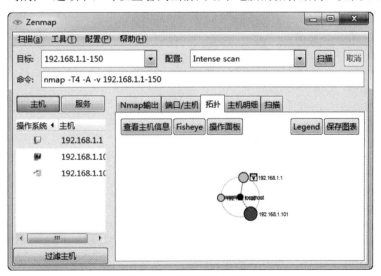

图 8-24　"拓扑"选项卡

（5）单击"查看主机信息"按钮，打开"查看主机信息"窗口，在其中可以查看当前主机的一般信息、操作系统信息等，如图 8-25 所示。

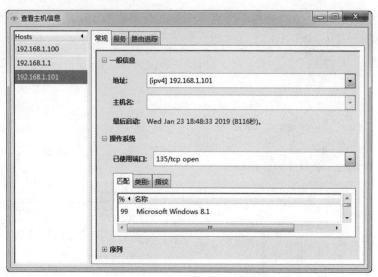

图 8-25　"查看主机信息"窗口

（6）在"查看主机信息"窗口中，选择"服务"选项卡，可以查看当前主机的服务信息，如端口、协议、状态等，如图 8-26 所示。

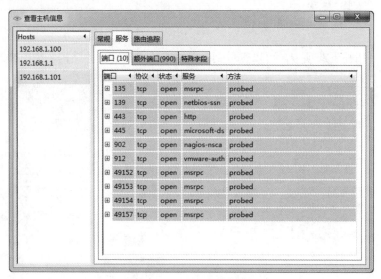

图 8-26　显示端口信息

8.2.2　ScanPort 扫描器

ScanPort 扫描器不但可以用于网络扫描，同时还可以探测指定 IP 及端口，速度比传统软件快，且支持用户自设 IP 端口。与 Nmap 扫描器相比，ScanPort 扫描器可以扫描指定的端口和范围，操作起来更加灵活。

【实验 8-4】使用 ScanPort 扫描器扫描指定 IP 地址段中的开启端口

（1）在 Windows 7 操作系统中运行 ScanPort，打开"ScanPort"窗口，在其中设置起始 IP 地址、结束地址以及要扫描的端口号，如图 8-27 所示。

（2）单击"扫描"按钮，即可进行扫描，从扫描结果中可以看出设置的 IP 地址段中计算机开启的端口，如图 8-28 所示。

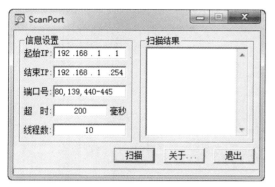

图 8-27　设置起始和结束 IP 地址

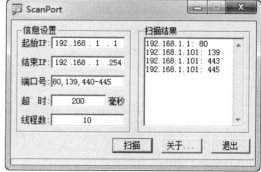

图 8-28　扫描结果

（3）如果要扫描某台计算机中开启的端口，则将开始 IP 地址和结束 IP 地址都设置为该主机的 IP 地址，如图 8-29 所示。

（4）设置要扫描的端口号之后，单击"扫描"按钮，即可扫描出该主机中开启的端口，如图 8-30 所示。

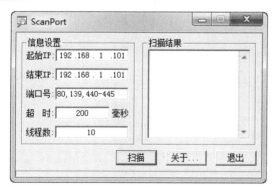

图 8-29　扫描指定主机

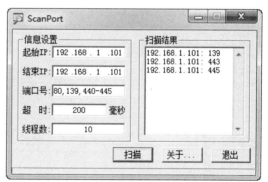

图 8-30　扫描结果

8.2.3　X-Scan 扫描器

X-Scan 是国内著名的综合扫描器之一，它完全免费，是不需安装的绿色软件，界面支持中英文两种语言，包括图形界面和命令行方式，该工具采用多线程方式对指定 IP 地址段进行安全漏洞检测，且支持插件功能，它可以扫描出操作系统类型及版本、标准端口状态等信息。

与 Nmap 扫描器、ScanPort 扫描器相比，X-Scan 扫描器不仅可以扫描端口状态，还可以扫描出系统的各种漏洞，功能更加强大。

使用 X-Scan 扫描器的基本操作如下：

（1）在 Windows 7 操作系统中运行 xscan_gui 程序，打开"X-Scan-v3.3 GUI"窗口，如图 8-31 所示，在其中可以浏览此软件的功能简介、常见问题解答等信息。

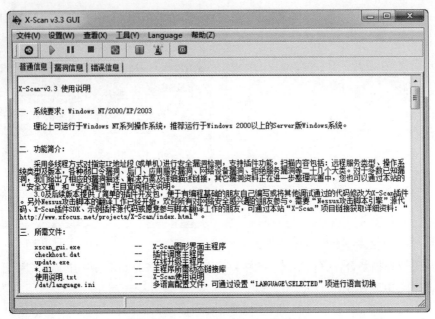

图 8-31 "X-Scan-v3.3 GUI"窗口

（2）单击"设置"→"扫描参数"命令，打开"扫描参数"对话框，如图 8-32 所示。

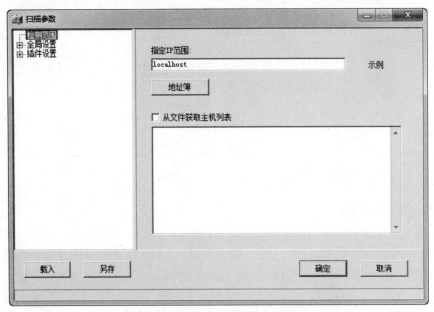

图 8-32 打开"扫描参数"对话框

（3）在左边的列表中选择"检测范围"选项卡，在"指定 IP 地址范围"文本框中输入要扫描的 IP 地址范围。

（4）选择"全局设置"选项卡，单击其中的"扫描模块"子项，在其中选择扫描过程中需要扫描的模块，如图 8-33 所示。

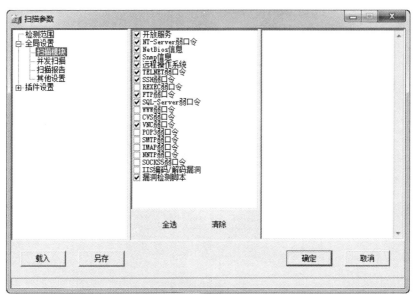

图 8-33　选择"扫描模块"子项

（5）选择"并发扫描"子项，设置扫描时的线程数量，一般设置 100，线程数量设置太大会引起系统缓慢，如图 8-34 所示。

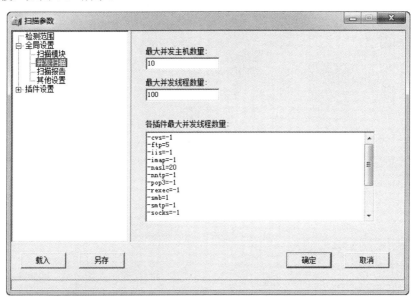

图 8-34　选择"并发扫描"子项

（6）选择"扫描报告"子项，在其中设置扫描报告存放的路径和文件格式，如图 8-35 所示。

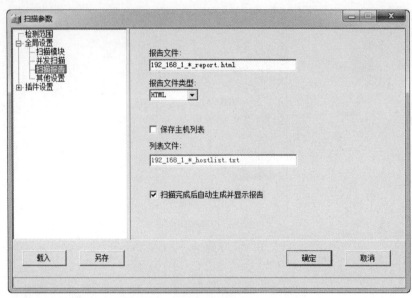

图 8-35　选择"扫描报告"子项

（7）选择"其他设置"子项，在其中设置扫描过程的其他属性，如设置扫描方式、显示详细进度等，如图 8-36 所示。

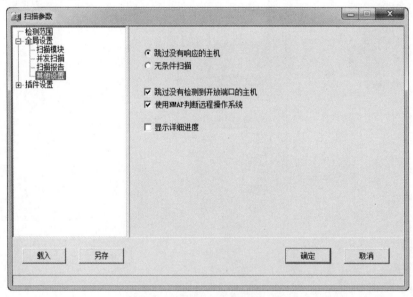

图 8-36　选择"其他设置"子项

（8）选择"插件设置"选项卡，单击其中的"端口相关设置"子项，在其中设置扫描端口范围以及检测方式，如图 8-37 所示。检测方式分为 TCP 和 SYN 两种，TCP 方式容易被对方发现，准确性要高一性，SYN 则相反。

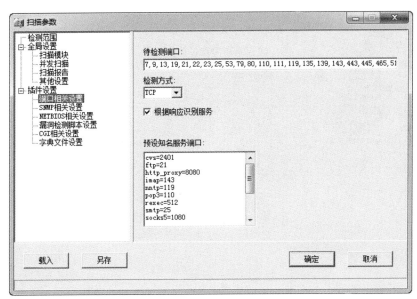

图 8-37　选择"端口相关设置"子项

（9）选择"SNMP 相关设置"子项，选中相应的复选框来设置在扫描时获取 SNMP 信息的内容，如图 8-38 所示。

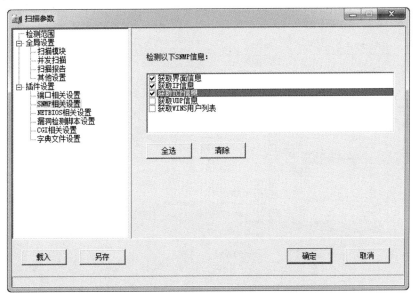

图 8-38　选择"SNMP 相关设置"子项

（10）选择"NETBIOS 相关设置"子项，在其中设置需要获取的 NETBIOS 信息类型，如图 8-39 所示。

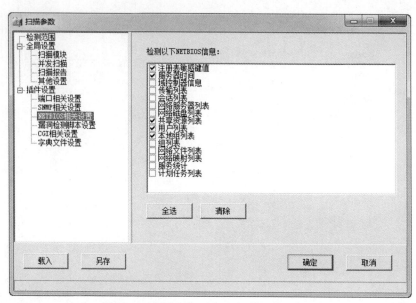

图 8-39　选择"NETBIOS 相关设置"子项

（11）选择"漏洞检测脚本设置"子项，取消选中"全选"复选框之后，单击"选择脚本"按钮，打开"Select Script"对话框，如图 8-40 所示。

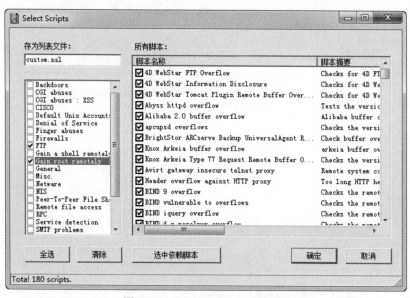

图 8-40　"Select Script"对话框

（12）选择好检测的脚本文件之后，单击"确定"按钮返回到"扫描参数"对话框，分别设置脚本运行超时和网络读取超时等属性，如图 8-41 所示。一般设置脚本运行超时 180 秒，网络读取超时 5 秒。

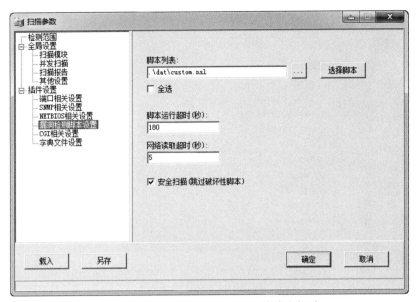

图 8-41　设置脚本运行超时和网络读取超时

（13）选择"CGI 相关设置"子项，在其中设置扫描时需要使用的 CGI 选项，如图 8-42 所示。

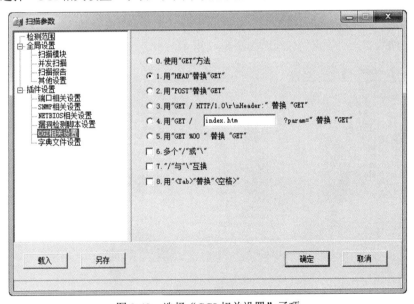

图 8-42　选择"CGI 相关设置"子项

（14）选择"字典文件设置"子项，通过双击字典类型，打开"打开"对话框，在其中选择相应的字典文件，如图 8-43 所示。

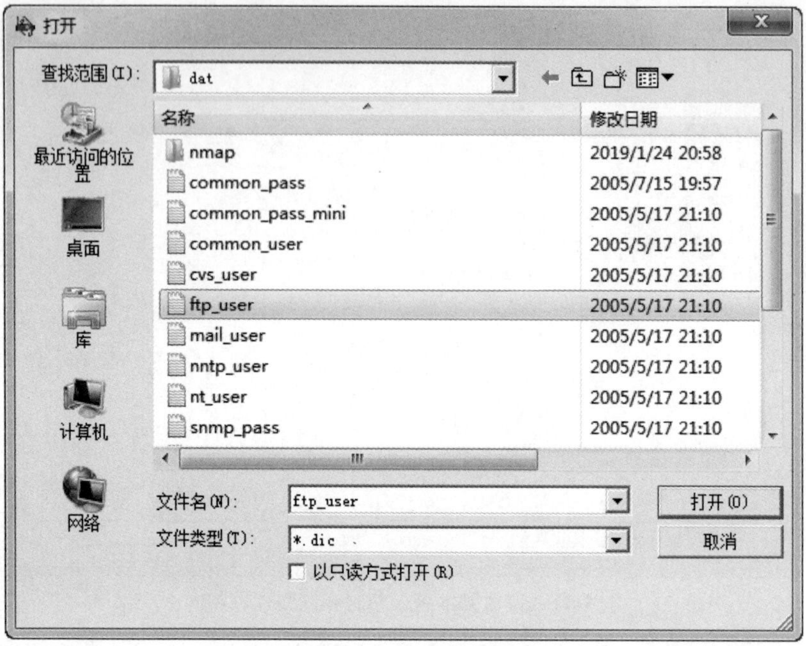

图 8-43 "打开"对话框

（15）单击"打开"按钮，返回到"扫描参数"对话框中即可看到选中的文件名字及可选择的字典文件，然后单击"确定"按钮，如图 8-44 所示。

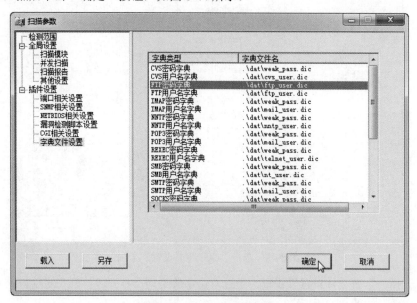

图 8-44 单击"确定"按钮

（16）在"X-Scan-v3.3 GUI"窗口中，单击"开始扫描"按钮，即可进行扫描，在扫描的同时显示扫描进度和扫描所得到的信息，如图 8-45 所示。

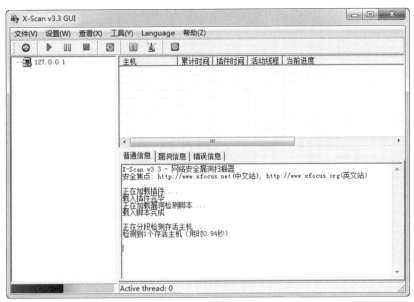

图 8-45　"打开"对话框

（17）扫描完成后，可以看到 HTML 格式的扫描报告。在其中可以看到活动主机 IP 地址、存在的系统漏洞和其他安全隐患，同时还提出了安全隐患的解决方案，如图 8-46 所示。

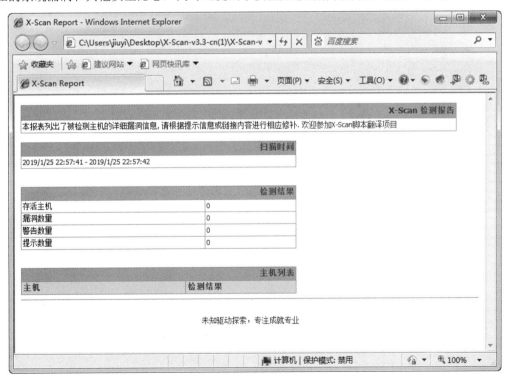

图 8-46　扫描报告

（18）在"X-Scan-v3.3 GUI"窗口中选择"漏洞信息"选项卡，在其中可以看到存在漏洞的主机信息。

8.3　网络安全设置工具

系统安全不但关系着计算机的安全，更是网络安全的基础，在设置过程中，稍有不慎就可能会留下致命的漏洞。因此，在进行系统安全设置的过程中，必须对所有设置进行反复推敲和测试。例如，某些漏洞的修复、某些木马病毒的清除等。

目前，网络安全设置工具非常多，本节介绍几款常用的网络设置工具，如电脑管家、360 安全卫士、木马专家、木马清除大师和木马清道夫等。其中，电脑管家和 360 安全卫士是综合性的安全设置工具；木马专家、木马清除大师和木马清道夫是专门清除木马病毒的工具。这些常用的网络设置工具各有所长，在具体的工作实践中可根据不同的使用场景来选择。请记住：合适的才是最好的。

8.3.1　使用电脑管家修复漏洞

电脑管家（Tencent PC Manager，原名 QQ 电脑管家）是腾讯公司推出的一款免费安全软件，能有效地预防和解决计算机上常见的安全风险。电脑管家集成杀毒、清理垃圾、优化启动、修复漏洞等功能，是一款比较全面的管理工具，操作简单。

使用电脑管家修复漏洞的基本操作如下：

（1）在 Windows 操作系统中运行电脑管家，单击"工具箱"按钮，在弹出的列表框中选择"修复漏洞"选项，如图 8-47 所示。

图 8-47　选择"修复漏洞"选项

（2）电脑管家将自动扫描系统漏洞，搜索完成后，在弹出的如图 8-48 所示的窗口中选择需要修复的漏洞，然后单击"一键修复"按钮即可。

图 8-48　单击"一键修复"按钮

8.3.2　使用 360 安全卫士修复漏洞

360 安全卫士具有强大的模块扫描能力，能够发现系统深层隐藏漏洞，并且拥有完善准确的系统补丁数据库，保证系统安全可靠地运行。

与电脑管家相比，360 安全卫士可以灵活选择要修复的项目，修复速度更快。

使用 360 安全卫士修复漏洞的基本操作如下：

（1）在 Windows 操作系统中运行 360 安全卫士，在"360 安全卫士"窗口中，单击"系统修复"按钮，如图 8-49 所示。

图 8-49　单击"系统修复"按钮

（2）在弹出的如图 8-50 所示的窗口中，单击"单项修复"选项，在弹出的列表框中选择"漏洞修复"选项。

图 8-50　选择"漏洞修复"选项

（3）360 安全卫士将自动搜索系统漏洞，搜索完成后，在弹出的如图 8-51 所示的窗口中，选中要修复的漏洞，然后单击"一键修复"按钮即可。

图 8-51　单击"一键修复"按钮

8.3.3　使用木马专家清除木马

木马专家是一款木马查杀软件，软件除采用传统病毒库查杀木马以外，还能智能查杀未知木马，自动监控内存非法程序，实时查杀内存和硬盘木马，对木马查杀比较全面，操作简单。

使用木马专家清除木马的基本操作如下。

（1）在 Windows 10 操作系统中运行木马专家，在"系统监控"选项卡中，单击"扫描内存"按钮，如图 8-52 所示。

图 8-52　单击"扫描内存"按钮

（2）在弹出的"扫描内存"对话框中，提示用户是否使用云鉴定全面分析系统，在这里单击"取消"按钮，如图 8-53 所示。

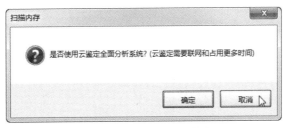

图 8-53　单击"取消"按钮

（3）单击"取消"按钮后，木马专家将自动扫描内存，扫描完成后，将显示扫描结果，如图 8-54 所示。

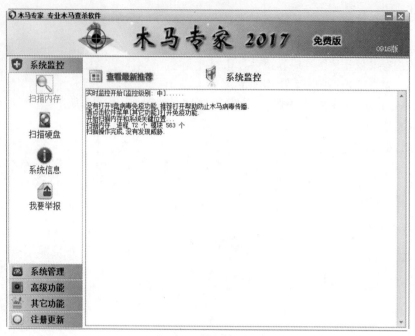

图 8-54　扫描内存结果

（4）单击"扫描硬盘"按钮，在右侧的扫描模式选项区域中，单击"开始全面扫描"超链接，如图 8-55 所示。

图 8-55　单击"开始全面扫描"超链接

（5）单击"开始全面扫描"超链接后，木马专家将自动扫描全部硬盘分区，显示结果如图 8-56 所示。

图 8-56　扫描硬盘结果

8.3.4　使用木马清除大师清除木马

木马清除大师是一款非常受欢迎的木马清理工具，采用全新的三大新查毒引擎，帮助用户从根源开始彻底地清理数据，确保用户电脑运行环境的安全、可靠，达到绿色安全的电脑环境。

与木马专家相比，木马清除大师功能更全面，查杀更彻底，操作稍微复杂一些。

使用木马清除大师清除木马的基本操作如下：

（1）在 Windows 操作系统中运行木马清除大师，在"木马清除大师"窗口中，单击"全面扫描"按钮，如图 8-57 所示。

图 8-57　单击"全面扫描"按钮

（2）在弹出的扫描选项窗口，选择需要扫描的选项，然后单击"开始扫描"按钮，如图 8-58 所示。

图 8-58 单击"开始扫描"按钮

（3）扫描完成后，在弹出的如图 8-59 所示的对话框中，单击"下一步"按钮。

图 8-59 单击"下一步"按钮

（4）在弹出的如图 8-60 所示的对话框中，显示扫描结果，如果有木马病毒，则选择该木马病毒，单击"删除"按钮即可。

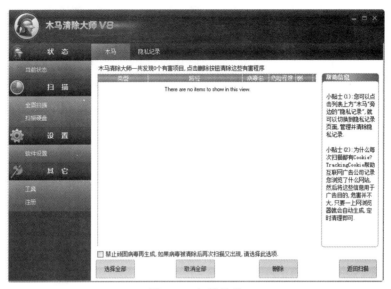

图 8-60　扫描结果

8.3.5　使用木马清道夫清除木马

　　木马清道夫是一款专门查杀并可辅助查杀木马的专业级反木马信息安全产品，是全新一代的木马克星。它不仅可以查杀木马，还可以分析出后门程序、黑客程序等。

　　相比木马专家和木马清除大师，木马清道夫不仅可以扫描硬盘，还可以扫描进程、注册表、漏洞和黑客程序，同时还拥有木马防火墙功能，适用于易中木马病毒的网络环境中。

　　【实验 8-5】使用木马清道夫扫描进程、硬盘和注册表

　　（1）在 Windows 10 操作系统中运行木马清道夫，在"木马清道夫 2010"窗口中，单击"扫描进程"按钮，如图 8-61 所示。

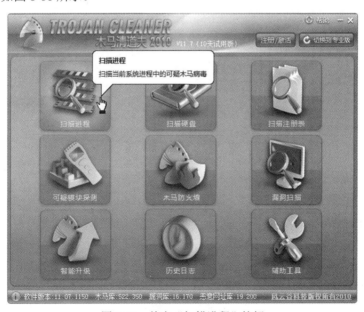

图 8-61　单击"扫描进程"按钮

（2）在弹出的"扫描进程"对话框中，单击"扫描"按钮，如图 8-62 所示，木马清道夫即将对进程进行扫描。

（3）扫描进程结束后，弹出如图 8-63 所示的对话框中，提示用户扫描完毕，然后单击"确定"按钮，返回到"扫描进程"对话框。

图 8-62　单击"扫描"按钮　　　　　　图 8-63　单击"确定"按钮

（4）如果扫描后发现进程中有木马，则单击"清除"按钮即可。单击"返回"按钮，返回"木马清道夫 2010"窗口。

（5）在"木马清道夫 2010"窗口中，单击"扫描硬盘"按钮，在弹出的快捷菜单中选择"高速扫描硬盘"命令，如图 8-64 所示。

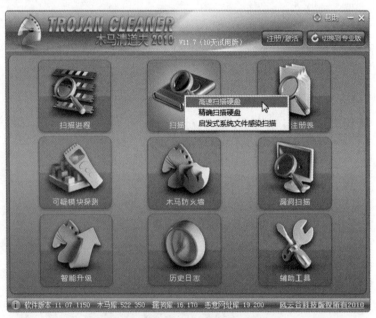

图 8-64　选择"高速扫描硬盘"命令

提示：为了使查杀木马更全面，木马清道夫提供了 3 种方式对硬盘进行扫描，分别是高速扫描硬盘、精确扫描硬盘和启发式系统感染扫描。

（6）在弹出的"高速扫描硬盘"对话框中，单击"扫描"按钮，如图 8-65 所示，木马清道夫将对硬盘进行快速扫描。

图 8-65　单击"扫描"按钮

（7）扫描完成后，在"木马病毒 / 广告间谍 / 恶意软件列表"区域会显示扫描结果，如果有木马，则单击"清除"按钮。在这里由于没有发现木马，则单击"退出"按钮，如图 8-66 所示。

图 8-66　单击"退出"按钮

（8）在"木马清道夫 2010"窗口中，单击"扫描注册表"按钮，如图 8-67 所示，对注册表进行扫描。

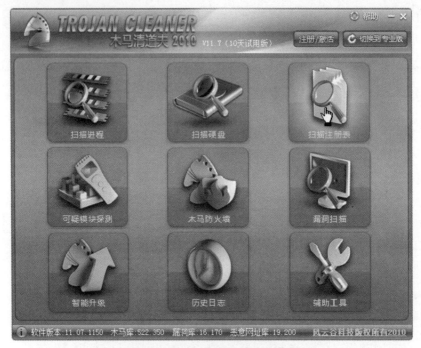

图 8-67　单击"扫描注册表"按钮

（9）在弹出的"扫描注册表"对话框中，单击"扫描"按钮，如图 8-68 所示。

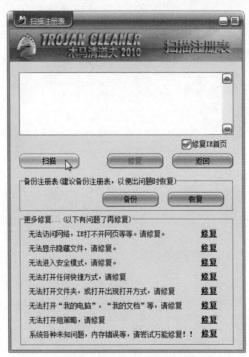

图 8-68　单击"扫描"按钮

提示：为了避免误操作，造成注册表损坏，建议用户在操作前对注册表进行备份。

（10）扫描注册表结束后，在弹出的如图 8-69 所示的对话框中，单击"确定"按钮。

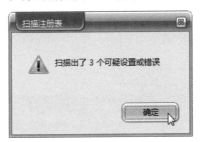

图 8-69　单击"确定"按钮

（11）在"扫描注册表"对话框中，单击"修复"按钮，对注册表进行修复，如图 8-70 所示。

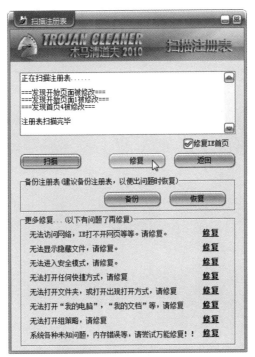

图 8-70　单击"修复"按钮

提示：木马清道夫除了对木马进行扫描、清除外，还提供了木马防火墙。使用木马防火墙，可以有效地防御木马的入侵。

第 9 章

远程控制和监视工具

在局域网中，服务器和客户端计算机因为功能的不同，通常位于不同的位置，这在很大程度上增加了网络管理的难度。此时，网络管理员可以通过远程监视工具监视远程服务器和客户端计算机是否运行正常，及时了解故障产生的原因；同时，网络管理员还可以通过远程控制工具足不出户就能排除远程服务器和客户端计算机发生的故障，避免了网络管理员来回奔波。因此，使用远程控制和监视工具，是提高网络管理效率非常有效的方法。

本章主要介绍远程控制和监视工具的使用方法，如远程桌面、Team Viewer、PCAnywhere、向日葵远程控制、Radmin 等。

9.1　远程桌面连接程序

远程控制并不神秘，Windows 7/8/10 系统中就提供了多种简单的远程控制手段，如 Windows 7/8/10 远程协助和 Windows 7/8/10 远程桌面等。

注意：远程协助是 Windows 附带提供的一种简单的远程控制的方法。远程协助中被协助方的计算机将暂时受协助方（在远程协助程序中被称为专家）的控制，专家可以在被控计算机当中进行系统维护、安装软件、处理计算机中的某些问题或者向被协助者演示某些操作。

利用远程桌面，用户可以在远离办公室的地方通过网络对计算机进行远程控制，即使主机处在无人状况，"远程桌面"仍然可以顺利进行。通过这种方式，远程的用户可以使用计算机中的数据、应用程序和网络资源，它也可以让用户的同事访问用户的计算机桌面，以便于进行协同工作。

提示："远程桌面"方式必须在 Windows 7/8/10 或 Windows Server 2008/2008 R2 中才能进行，而且功能相对简单。要在其他的操作系统中进行远程控制，或者需要远程控制提供更为强大的功能，就需要使用其他的第三方远程控制软件。

9.1.1　启用远程桌面功能

要使用远程桌面，需要如下条件：

（1）能够连接到局域网或 Internet 的远程计算机。

（2）能够通过网络连接、调制解调器或者虚拟专用网（VPN）连接访问局域网的第二台计算机（家庭计算机）。该计算机必须安装"远程桌面连接"程序。

（3）适当的用户账户和权限。

在使用远程桌面之前，用户需要先启用远程桌面功能。下面以一个具体实例来介绍启用远程桌面功能的方法。

【实验 9-1】启用 Windows 7 系统远程桌面功能

具体操作步骤如下：

（1）在 Windows 7 操作系统的桌面中选择"计算机"图标，单击鼠标右击，在弹出的菜单中选择"属性"命令，打开"系统"窗口，单击"远程设置"超链接，如图 9-1 所示。

即扫即看

图 9-1　单击"远程设置"超链接

（2）在弹出的"系统属性"对话框中，单击"远程"选项卡，并选中"远程桌面"区域中的"允许远程连接到此计算机"单选按钮，同时取消选中"仅允许运行使用网络级别身份验证的远程桌面的计算机连接（建议）"复选框，如图 9-2 所示。

图 9-2　选中"允许远程连接到此计算机"单选按钮

（3）单击"确定"按钮，关闭"系统属性"对话框。

【实验 9-2】启用 Windows 10 系统远程桌面功能

具体操作步骤如下：

（1）在 Windows 10 操作系统中，将鼠标光标移动到桌面左下角图标，右击并在弹出的菜单中选择"系统"命令，打开"系统"窗口，单击"远程设置"超链接，如图 9-3 所示。

即扫即看

图 9-3　单击"远程设置"超链接

（2）在弹出的"系统属性"对话框中，单击"远程"选项卡，并选中"远程桌面"区域中的"允许远程连接到此计算机"单选按钮，同时取消选中"仅允许运行使用网络级别身份验证的远程桌面的计算机连接（建议）"复选框，如图 9-4 所示。

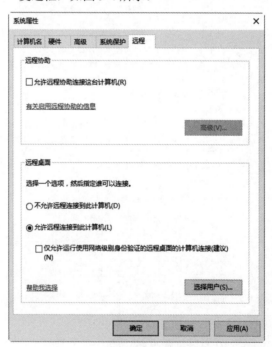

图 9-4　选中"允许远程连接到此计算机"单选按钮

（3）单击"确定"按钮，关闭"系统属性"对话框。

9.1.2　添加远程桌面用户

使用远程桌面之前，用户还需要添加远程桌面用户，同时添加的远程桌面用户必须有权登录本地计算机。下面以一个具体实例来介绍不同系统下添加远程桌面用户的方法。

【实验 9-3】添加 Windows 7 系统远程桌面用户

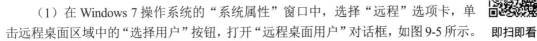

具体操作步骤如下：

（1）在 Windows 7 操作系统的"系统属性"窗口中，选择"远程"选项卡，单击远程桌面区域中的"选择用户"按钮，打开"远程桌面用户"对话框，如图 9-5 所示。　即扫即看

（2）单击"添加"按钮，弹出如图 9-6 所示的"选择用户"对话框，然后单击"高级"按钮。

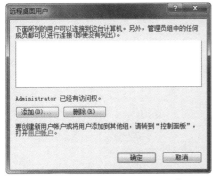

图 9-5　"远程桌面用户"对话框

图 9-6　"选择用户"对话框

（3）在展开的对话框中，单击"立即查找"按钮，在列出的用户列表框中选择用户，然后单击"高级"按钮，如图 9-7 所示。

注意：在用户列表框中选择的用户，必须是系统已启用的用户账户，否则将无法使用该用户账户连接远程桌面。

（4）单击"确定"按钮后，返回"远程桌面用户"对话框，显示已经添加的远程用户，如图 9-8 所示。单击"确定"按钮关闭该对话框，添加远程桌面用户完成。

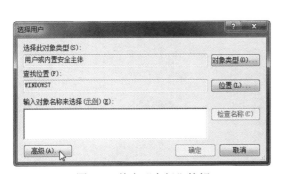

图 9-7　单击"高级"按钮

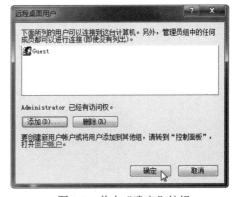

图 9-8　单击"确定"按钮

【实验 9-4】添加 Windows 10 系统远程桌面用户

具体操作步骤如下：

（1）在 Windows 10 操作系统的"系统属性"窗口中，选择"远程"选项卡，单击远程桌面区域中的"选择用户"按钮，打开"远程桌面用户"对话框，如图 9-9 所示。

即扫即看

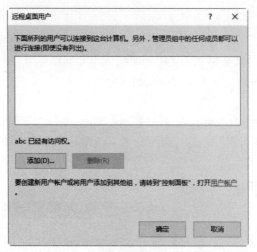

图 9-9　"远程桌面用户"对话框

（2）单击"添加"按钮，弹出如图 9-10 所示的"选择用户"对话框，然后单击"高级"按钮。

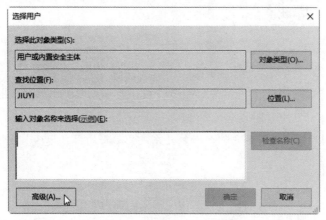

图 9-10　"选择用户"对话框

（3）在展开的对话框中，单击"立即查找"按钮，在列出的用户列表框中选择用户，然后单击"确定"按钮，如图 9-11 所示。

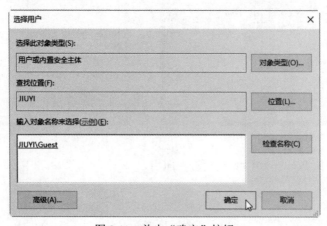

图 9-11　单击"确定"按钮

（4）单击"确定"按钮后，返回"远程桌面用户"对话框，显示已经添加的远程用户，如图 9-12 所示，单击"确定"按钮关闭该对话框，添加远程桌面用户完成。

图 9-12　单击"确定"按钮

9.1.3　使用远程桌面

启用远程桌面功能并设置好远程桌面用户后，用户就可以使用远程桌面了。切记在使用远程桌面之前，用户需要检查是否已接入局域网中。我们下面通过例子来讲解不同系统之间的远程连接。

【实验 9-5】在 Windows 10 系统中远程连接 Windows 7 系统桌面

具体操作步骤如下：

（1）在 Windows 10 操作系统中，按键盘上的"WIN+R"组合快捷键打开运行对话框，然后输入"mstsc"，如图 9-13 所示。单击打开"远程桌面连接"对话框。

（2）在"远程桌面连接"对话框中，单击"显示选项"按钮，在"计算机"下拉列表框中，输入远程计算机的名称或 IP 地址，如图 9-14 所示。

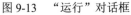

图 9-13　"运行"对话框

图 9-14　"远程桌面连接"对话框

（3）单击"连接"按钮，弹出如图 9-15 所示的对话框，输入远程计算机的用户名和密码。

（4）单击"确定"按钮，弹出如图 9-16 所示的对话框，提示用户是否继续连接，在这里单击"是"按钮。

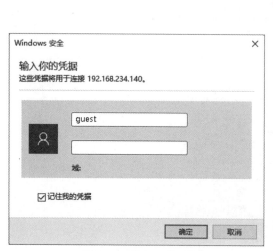

图 9-15　单击"是"按钮

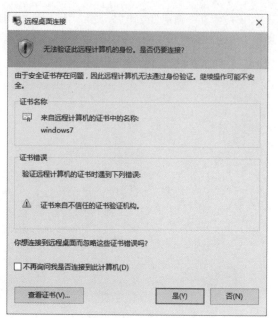

图 9-16　对话框

（5）单击"是"按钮后，如果远程计算机 Windows 7 中是以其他用户账户登录时，则会出现如图 9-17 所示的提示框，提示用户是否继续连接到此计算机，单击"是"按钮。

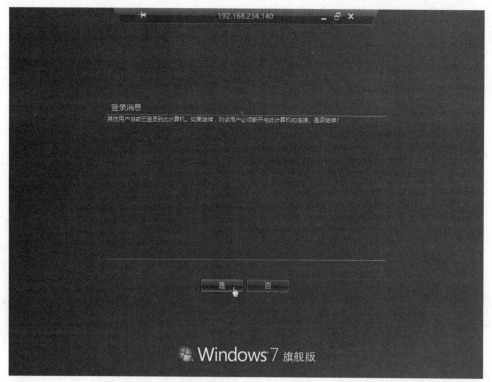

图 9-17　单击"是"按钮

（6）单击"是"按钮后，在远程计算机 Windows 7 中桌面会出现如图 9-18 所示的提示框，提示用户是否允许其他用户连接到此计算机，单击"确定"按钮。

图 9-18　单击"确定"按钮

（7）Windows 10 操作系统将开始登录到远程计算机的 Windows7，登录成功后在"远程桌面连接"窗口将显示远程计算机的桌面，如图 9-19 所示。

图 9-19　"远程桌面连接"窗口

【实验 9-6】在 Windows 7 系统中远程连接 Windows 10 系统桌面

具体操作步骤如下：

（1）在 Windows 7 操作系统中，单击"开始"→"所有程序"→"附件"→"远程桌面连接"命令，打开"远程桌面连接"对话框。

（2）在"远程桌面连接"对话框中的"计算机"下拉列表框中，输入远程计算机的名称或 IP 地址，如图 9-20 所示。

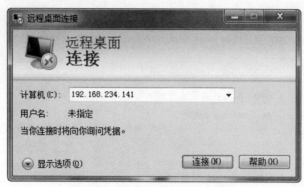

图 9-20　"远程桌面连接"对话框

（3）单击"连接"按钮，弹出如图 9-21 所示的对话框，输入远程计算机的用户名和密码。

图 9-21　"Windows 安全"对话框

（4）单击"确定"按钮，弹出如图 9-22 所示的对话框，提示用户是否继续连接，在这里单击"是"按钮。

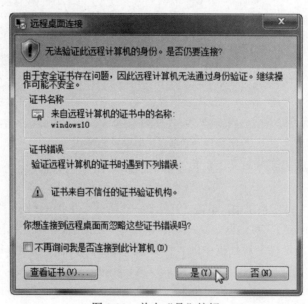

图 9-22　单击"是"按钮

（5）单击"是"按钮后，如果远程计算机 Windows 10 中是以其他用户账户登录时，则会出现如图 9-23 所示的提示框，提示用户是否继续连接到此计算机，单击"是"按钮。

图 9-23　单击"是"按钮

（6）单击"是"按钮后，在远程计算机 Windows 10 中桌面会出现如图 9-24 所示的提示框，提示用户是否允许其他用户连接到此计算机，单击"确定"按钮。

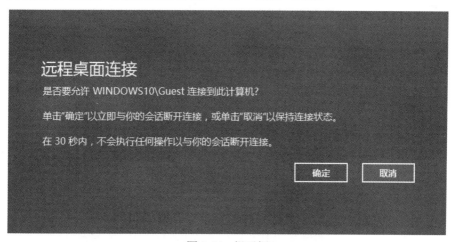

图 9-24　提示框

（7）Windows 7 操作系统将开始登录到远程计算机的 Windows 10，登录成功后在"远程桌面连接"窗口将显示远程计算机的桌面，如图 9-25 所示。

图 9-25 "远程桌面连接"窗口

9.1.4 断开或注销远程桌面

用户如果不需要使用远程桌面，可以断开或注销远程桌面。

1. 断开或注销 Windows 7 远程桌面

基本操作如下：

（1）在"远程桌面连接"窗口中，选择桌面左下角的图标，单击鼠标左键并在弹出的菜单中选择"注销"→"断开连接"命令，如图 9-26 所示。即可断开远程桌面。

图 9-26 选择"注销"→"断开连接"命令

（2）在"远程桌面连接"窗口中，选择桌面左下角的图标，单击鼠标左键并在弹出的菜单中选择"注销"命令，如图 9-27 所示，即可注销远程桌面。

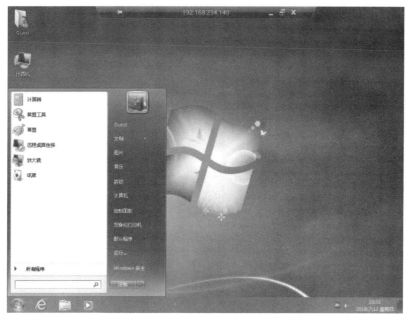

图 9-27 选择"注销"命令

2．断开或注销 Windows 10 远程桌面

基本操作如下：

（1）在"远程桌面连接"窗口中，选择桌面左下角的图标，右击并在弹出的菜单中选择"关机或注销"→"断开连接"命令，如图 9-28 所示，即可断开远程桌面。

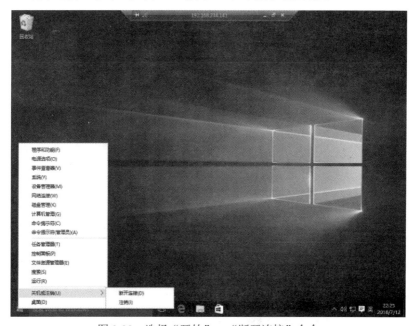

图 9-28 选择"开始"→"断开连接"命令

（2）在"远程桌面连接"窗口中，选择桌面左下角的图标，右击并在弹出的菜单中选择"关机或注销"→"注销"命令，如图9-29所示，即可注销远程桌面。

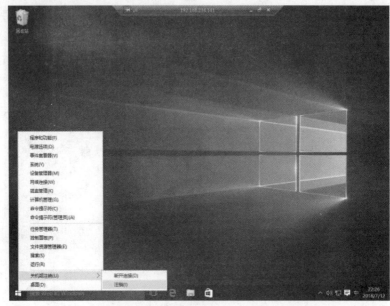

图9-29　选择"开始"→"注销"命令

9.2　远程控制利器：Team Viewer

相对于远程桌面而言，Team Viewer对网络质量要求不高，它支持各种运行环境，如Windows、Mac OS、Linux、iPhone、Android系统等。Team Viewer操作比较简单，只需要在两台计算机上同时运行Team Viewer即可。

【实验9-7】使用Team Viewer远程控制目标主机

具体操作步骤如下：

（1）在Windows 7操作系统中安装并运行Team Viewer，弹出如图9-30所示的"Team Viewer"窗口，显示了本机的ID和密码。

即扫即看

图9-30　在Windows 10中运行Team Viewer

（2）在 Windows 10 操作系统中安装并运行 Team Viewer，弹出如图 9-31 所示的"Team Viewer"窗口，显示了本机的 ID 和密码。

图 9-31　在 Windows 10 中运行 Team Viewer

（3）如果要在 Windows 7 操作系统中远程控制 Windows 10，则在"Team Viewer"窗口的"伙伴 ID"文本框中输入 Windows 10 的 ID，如图 9-32 所示，然后单击"连接"按钮。

图 9-32　单击"连接"按钮

（4）在弹出的"Team Viewer 验证"对话框中，输入 Windows 10 的密码，如 P2w7v4，然后单击"登录"按钮，如图 9-33 所示。

图 9-33　单击"登录"按钮

（5）确定登录密码无误后，弹出如图 9-34 所示的窗口，显示远程目标主机 Windows 10 系统的桌面，用户可以控制远程目标主机 Windows 10 系统。

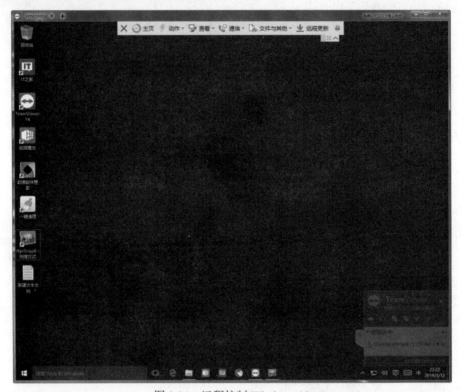

图 9-34　远程控制 Windows 10

（6）如果要在 Windows 10 操作系统中远程控制 Windows 7 系统，则在"Team Viewer"窗口的"伙伴 ID"文本框中输入 Windows 7 的 ID，如图 9-35 所示，然后单击"连接"按钮。

图 9-35　单击"连接"按钮

（7）在弹出的"Team Viewer 验证"对话框中，输入 Windows 7 系统的密码，如 d78v1r，然后单击"登录"按钮，如图 9-36 所示。

图 9-36 单击"登录"按钮

（8）确定登录密码无误后，弹出如图 9-37 所示的窗口，显示远程目标主机 Windows 7 系统的桌面，用户可以控制远程目标主机 Windows 7 系统。

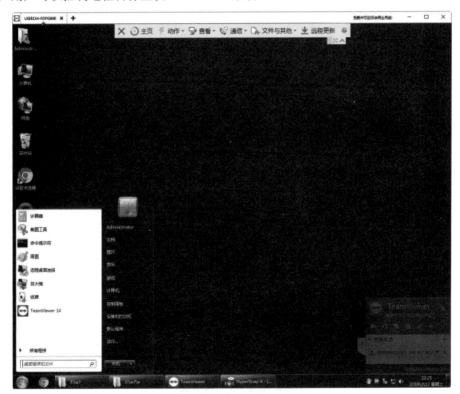

图 9-37 远程控制 Windows 7

9.3 远程控制软件：PCAnywhere

PCAnywhere 是由赛门铁克（Symantec）公司出品的远程控制软件，它功能强大，几乎支持所有的网络连接方式与网络协议。使用 PCAnywhere 软件，网络管理人员可以轻松地实现在本地计算机上控制远程计算机，使得两地的计算机可以协同工作。在实现远程控制的同时，PCAnywhere 还拥有更为完善的安全策略与密码验证机制，从而保证了远程被控制端计算机的安全。

Team Viewer 只支持一对一的远程控制，而 PCAnywhere 则支持一对多的远程控制，即控制端可以控制多个被控端；Team Viewer 可以互相远程控制，而 PCAnywhere 只支持单一远程控制，即控制端控制被控端。Team Viewer 操作简单，而 PCAnywhere 操作复杂，需要在本地和远程计算机同时安装相应的软件，并进行设置。

9.3.1 控制端的设置

设置控制端的操作是在控制端计算机上进行的，其操作如下：

（1）在控制端的"Symantec PCAnywhere"窗口中，单击"远程控制"链接，如图 9-38 所示。

图 9-38 单击"远程控制"链接

（2）在弹出的"连接向导 - 连接方法"对话框中，选择连接方法，然后单击"下一步"按钮，如图 9-39 所示。

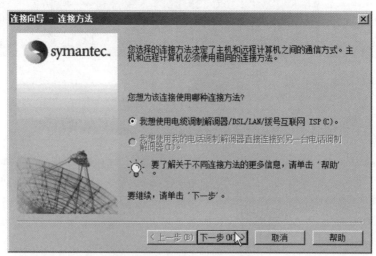

图 9-39 单击"下一步"按钮

（3）在弹出的"连接向导 - 目标地址"对话框中，输入被控端计算机的 IP 地址，如图 9-40所示。

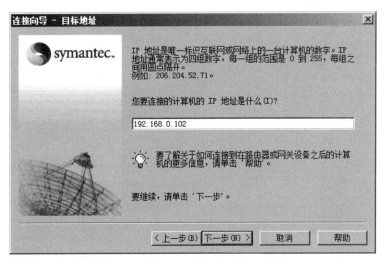

图 9-40　输入被控端计算机的 IP 地址

（4）单击"下一步"按钮，弹出如图 9-41 所示的"连接向导 - 连接名称"对话框，在其中输入连接名称。

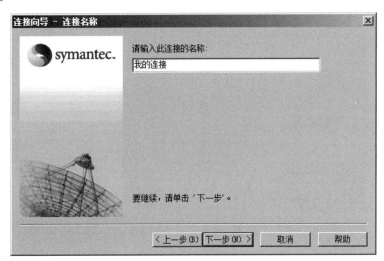

图 9-41　输入连接名称

（5）单击"下一步"按钮，在弹出的"连接向导 - 摘要"对话框中，单击"完成"按钮，完成远程控制连接的设置。

9.3.2　被控端的设置

设置被控制端的操作是在被控制端计算机上进行的，其操作如下：

（1）在被控制端计算机上，启动 Symantec pcAnywhere，打开 Symantec pcAnywhere 窗口，如图 9-42 所示，单击"主机"链接。

图 9-42 单击"主机"链接

（2）在弹出的"连接向导 - 连接方法"对话框中，选择连接方法，然后单击"下一步"按钮。

（3）在弹出的"连接向导 - 连接模式"对话框中，选中"等待有人呼叫我"单选按钮，如图 9-43 所示。

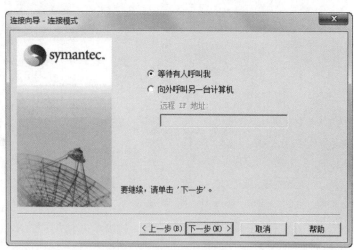

图 9-43 选中"等待有人呼叫我"单选按钮

（4）单击"下一步"按钮，在弹出的"连接向导 - 验证类型"对话框中，选中"我想创建一个用户名和密码"单选按钮，如图 9-44 所示。

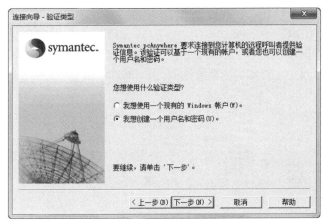

图 9-44　设置验证类型

（5）单击"下一步"按钮，在弹出的"连接向导 - 用户名和密码"对话框中，输入用户名和密码，如图 9-45 所示。

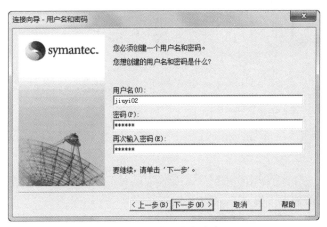

图 9-45　设置用户名和密码

（6）单击"下一步"按钮，在弹出的"连接向导 - 连接名称"对话框中，输入连接名称，如 jiuyi02，如图 9-46 所示。

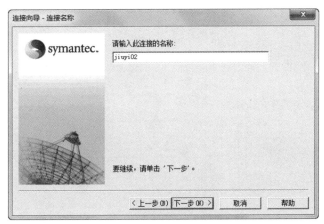

图 9-46　输入连接名称

（7）单击"下一步"按钮，在弹出的"连接向导 - 摘要"对话框中，单击"完成"按钮，返回到"Symantec PcAnywhere"窗口。

（8）单击"查看"区域中的"转到高级视图"链接，在"PcAnywhere 管理器"区域中，选择"主机"选项，在右侧的窗口中选择前面创建的主机，如 jiuyi02，右击并在弹出的快捷菜单中选择"属性"命令，如图 9-47 所示。

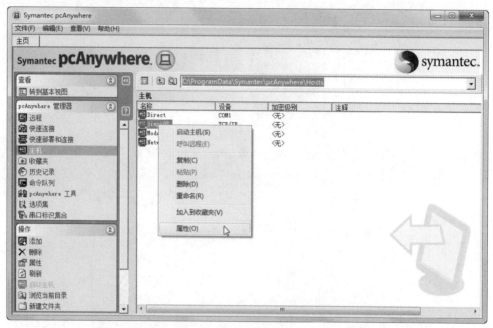

图 9-47　选择"属性"命令

（9）在弹出的"主机 属性：jiuyi02"对话框中，选择"设置"选项卡，在"主机启动"区域中，选中"随 Windows 一起启动"复选框，如图 9-48 所示。

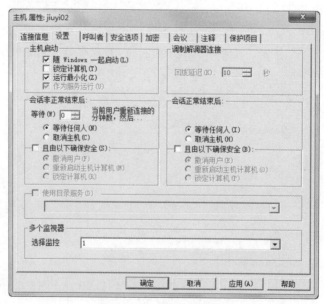

图 9-48　"设置"选项卡

（10）单击"确定"按钮，关闭该对话框，重新启动计算机即可。

9.3.3 控制远程计算机

设置好控制端和被控制端后，用户就可以进行控制远程计算机的操作。

控制远程计算机的具体操作步骤如下：

（1）在 Windows Server 2008 R2 控制端计算机上，双击 PCAQuickConnect 快捷图标，在弹出的 PCAQuickConnect 对话框中，输入远程计算机的 IP 地址，如图 9-49 所示。

（2）单击"连接"按钮，弹出如图 9-50 所示的对话框，输入用户名和密码。

图 9-49 输入远程计算机的 IP 地址

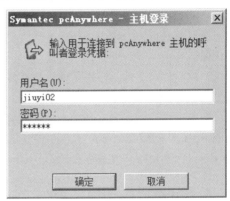

图 9-50 输入用户名和密码

（3）单击"确定"按钮，弹出一个显示被控制端桌面的窗口，如图 9-51 所示，用鼠标单击窗口中的桌面，此时就可以像使用本地计算机一样远程操纵计算机了。

图 9-51 被控端计算机桌面

（4）通过窗口左侧的命令，还可以进行文件传输、语音对话、屏幕捕获、重启被控制端等操作。

（5）如果要停止远程控制的操作，可单击窗口左侧的"结束会话"命令来结束控制。

9.4 远程监视工具：向日葵远程控制

向日葵远程控制是一款面向企业和专业人员的远程 PC 管理和控制的服务软件。与 Team Viewer、PCAnywhere 相比，向日葵远程控制打破平台障碍，支持 Windows、Linux、MAC、iOS、Android 等，具有强大内网穿透能力，可穿透各种防火墙，无论是 PC 电脑端，还是平板、智能手机，均可以远程控制。同时，支持云端控制，无论您在任何可连入互联网的地点，都可以轻松访问和控制安装了向日葵远程控制客户端的远程主机。

搭配向日葵开机棒，可通过向日葵远程轻松开启数百台主机。可实时查看和控制远程主机，享受到极速流畅的体验，同时完美实现多屏查看功能。通过向日葵远程控制软件，用户随时随地与远程电脑双向传输文件，轻松实现远程资源共享。

向日葵远程控制分为主控端和被控端，被控端（即向日葵客户端）安装在远程客户端计算机中，主控端（即向日葵控制端）安装在本地计算机中。在使用向日葵远程控制软件之前，需要在向日葵官网（https://sunlogin.oray.com）注册一个 Oray 账号，Oray 账号注册成功后，在向日葵官网下载 Windows 向日葵客户端，并进行安装。

9.4.1 设置向日葵客户端

在使用向日葵远程控制时，需要先设置向日葵客户端。

设置向日葵客户端的具体操作步骤如下：

（1）在远程计算机中安装向日葵客户端，并运行向日葵客户端，在弹出的"向日葵远程控制"窗口，选择左侧的"登录 / 注册"选项，在右侧的窗口中输入 Oray 账号和密码，如图 9-52 所示。

图 9-52　输入账号和密码

（2）单击"登录"按钮，在弹出的如图 9-53 所示的"登录"对话框中，单击"立即绑定（无人值守）"按钮。

图 9-53　单击"立即绑定（无人值守）"按钮

（3）在"向日葵远程控制"窗口中，选择要设置主机访问密码的主机，单击"本机访问密码"超链接，如图 9-54 所示。

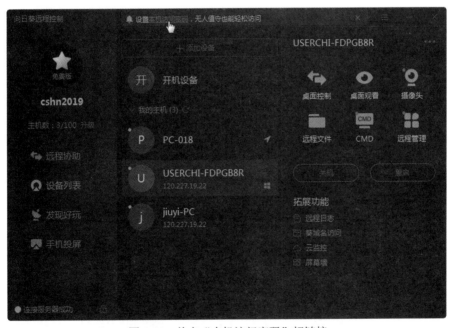

图 9-54　单击"本机访问密码"超链接

（4）在弹出的"系统设置"对话框中，选择"远控本机"选项卡，在"访问密码"区域中，选中"设置密码"单选按钮下的"访问密码"复选框，并在文本框中输入访问密码，如图 9-55 所示，单击"保存"按钮即可。

注意：这里设置的访问密码需要记住，在远程控制端访问该主机时需要使用该密码。

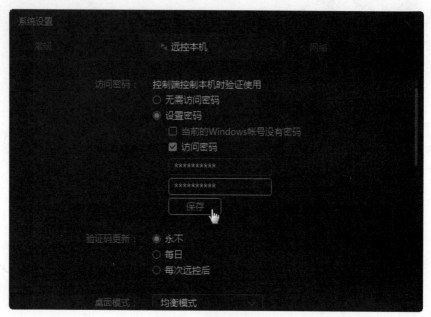

图 9-55　设置访问密码

9.4.2　使用向日葵 PC 主控端控制远程主机

向日葵提供了多种方式控制远程主机，如在 PC 主控端控制远程主机、在 Web 端控制远程主机、在手机端控制远程主机等。下面介绍在 PC 主控端控制远程主机的方法。

1. 桌面控制

在"向日葵控制端"窗口中，通过"桌面控制"功能可以控制远程客户端。

使用向日葵 PC 主控端控制远程主机的操作如下：

（1）在向日葵官方网站上下载并安装向日葵 PC 主控端软件，安装完成后，运行向日葵 PC 主控端，在弹出的如图 9-56 所示的"向日葵控制端"对话框中，输入前面申请好的 Oray 账号和密码。

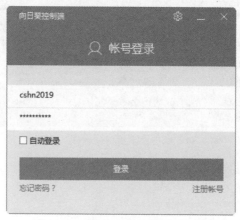

图 9-56　"向日葵控制端"对话框

（2）单击"登录"按钮，进入"向日葵控制端"窗口，单击"所有主机"右侧的"刷新"按钮，如图 9-57 所示。所有安装了向日葵客户端并绑定了账号的主机，正常开机后均会显示在"所有主机"

列表框中。

图 9-57　单击"刷新"按钮

（3）选择要远程控制的主机，单击右侧窗中的"桌面控制"超链接，如图 9-58 所示。

图 9-58　单击"桌面控制"超链接

（4）在弹出的"主机登录"对话框中，输入访问密码，然后单击"登录"按钮，如图 9-59 所示。

注意：　"桌面观看"选项只能查看远程客户端的桌面，不能控制远程客户端。摄像头、CMD 和远程管理选项，需要购买会员资格才能使用。

图 9-59　单击"刷新"按钮

（5）检测访问密码无误后，打开如图 9-60 所示的"桌面控制"窗口，在该窗口可以控制远程客户端的电脑，就像在本机中操作一样。

图 9-60　"桌面控制"窗口

2. 远程文件

在"向日葵控制端"窗口中，通过"远程文件"功能可以将本地主机中的文件快速传输给远程主机。

使用"远程文件"功能传输文件给远程主机的操作如下：

（1）在"向日葵控制端"窗口中，单击右侧的"远程文件"超链接，在弹出如图 9-61 所示的"远程文件"窗口中，选择远程主机保存文件的位置，然后在本地主机中选择要传输的文件，单击鼠标右键，在弹出的快捷菜单中选择"传输"命令。

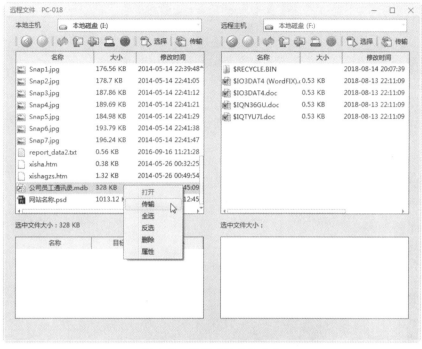

图 9-61　选择"传输"命令

（2）传输完成后，打开远程主机保存的文件位置，即可查看传输成功的文件，如图 9-62 所示。

图 9-62　查看传输成功的文件

3. 屏幕墙

在"向日葵控制端"窗口中，通过"屏幕墙"功能可以同时监视所有在线的远程主机。

使用"屏幕墙"监视远程主机的操作如下：

（1）在"向日葵控制端"窗口中，选择左侧的"屏幕墙"选项，单击"添加屏幕墙"按钮，如图 9-63 所示。

图 9-63　单击"添加屏幕墙"按钮

（2）在弹出的"添加屏幕墙"窗口中，选择要监视的远程主机，单击"保存"按钮，如图 9-64 所示。

图 9-64　单击"保存"按钮

（3）在"向日葵控制端"窗口中，单击"我的屏幕墙"下拉按钮，如图 9-65 所示。

图 9-65 单击"我的屏幕墙"下拉按钮

（4）在弹出的"我的屏幕墙"窗口中，同时显示要监视的远程主机的桌面，如图 9-66 所示，所有的远程主机均显示在主控端。

图 9-66 显示所有远程主机

9.4.3 使用 Web 端控制远程主机

在向日葵官方网站将远程主机启用域名访问，就可以在任何地方通过 Web 端访问远程主机，具体操作步骤如下：

（1）在向日葵官方网站中使用申请的账户和密码登录，然后选择"主机列表"选项，在右侧窗口中显示当前在线的所有远程主机，如图 9-67 所示。

图 9-67 选择"主机列表"选项

（2）选择主机，然后将域名访问的按钮拖向右侧，即启用域名访问，在弹出的"开启域名访问"对话框中，选择"绑定默认域名"选项卡，单击"确定"按钮，如图 9-68 所示。

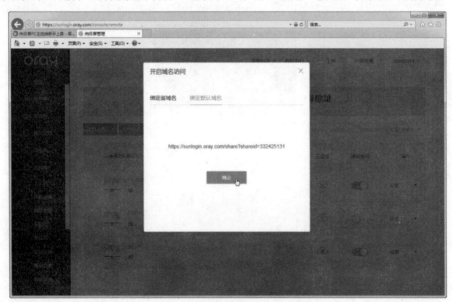

图 9-68 单击"确定"按钮

（3）在弹出的"开启域名访问"对话框中，单击"复制域名"超链接，如图 9-69 所示。

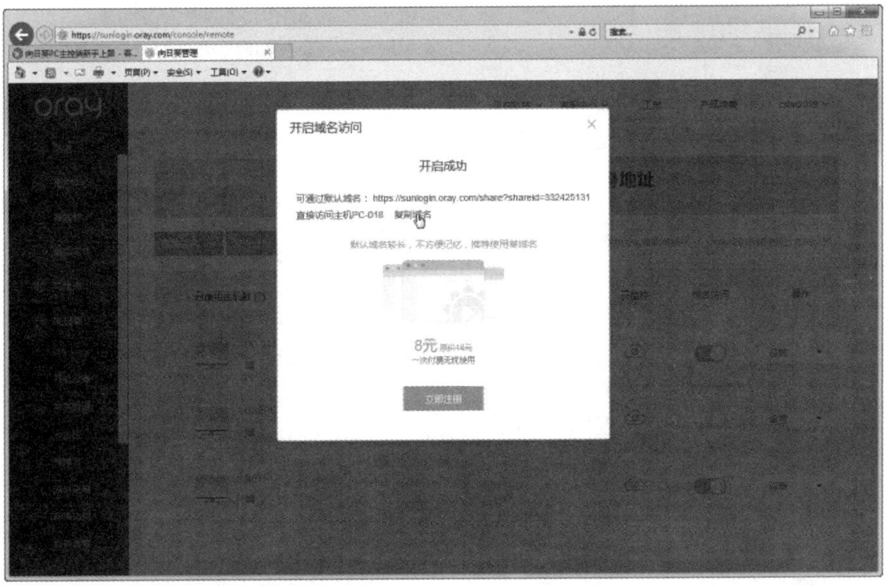

图 9-69 单击"复制域名"超链接

（4）打开浏览器，在地址栏中粘贴刚才复制的域名，按回车键，打开如图 9-70 所示的窗口，输入访问密码，单击"登录"按钮。

图 9-70 单击"登录"按钮

（5）单击"登录"按钮后，在弹出的如图 9-71 所示的页面中，单击"远程桌"超链接，即可控制远程主机。

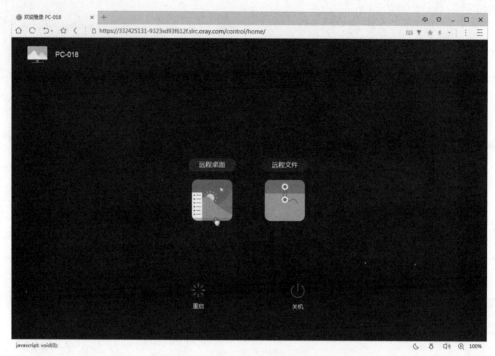

图 9-71　单击"远程控制"超链接

（6）单击"远程桌面"超链接后，弹出如图 9-72 所示的页面中，显示控制远程主机的桌面。

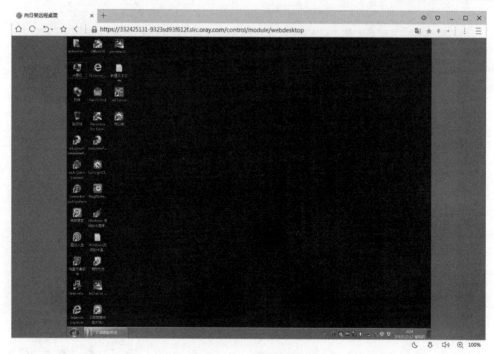

图 9-72　显示远程桌面

注意： 免费会员在 Web 端只能使用"远程桌面"和"远程文件"等功能。

9.5　远程监视利器：Radmin

Radmin 是一个快速而安全的远程控制和远程访问软件，通过它，您就可以像坐在远程计算机前一样，在远程计算机上工作，并可以从多个位置访问远程计算机。

Radmin 与 PCAnywhere 类似，需要在本地和远程计算机中安装相应的软件，不同的是，Radmin 运行速度更快，可以将远程控制的权限授予特定的用户或用户组，集远程控制和网络监视于一体；相对于向日葵远程控制而言，Radmin 功能相对比较简单。

9.5.1　设置服务端

Radmin 操作非常简单，只需在被控制主机上执行服务端程序，远程主机就可以利用控制端进行控制。因此，需要在被控主机和本地主机上分别安装服务器和控制端程序。

具体操作步骤如下：

（1）单击"开始"→"所有程序"→"Radmin 服务器的设置"命令，打开如图 9-73 所示的"Radmin Server 器设置"对话框。

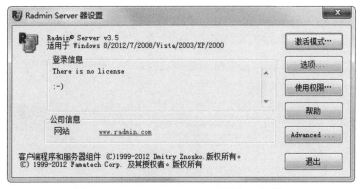

图 9-73　"Radmin Server 器设置"对话框

（2）单击"激活模式"按钮，打开如图 9-74 所示的"设置激活模式"对话框，根据需要设置 Radmin 服务器服务的激活模式。如果选中"自动"单选按钮，可以在系统启动时自动启动该服务；如果选中"手动"单选按钮，则需要用户手动启动该服务。单击"确定"按钮，返回"RadminServer 器设置"对话框。

图 9-74　"设置激活模式"对话框

（3）单击"选项"按钮，打开如图 9-75 所示的"Radmin Server 器选项"对话框，选择"一般选项"选项，用户可以根据需要设置所使用的端口、记录文件等信息。通常情况下，保持默认设置即可。

图 9-75　"Radmin Server 器选项"对话框

（4）选择"其他"选项，根据需要禁用某些功能，在"停用联机模式"选项区域中选中想要停用的模式即可，如图 9-76 所示。

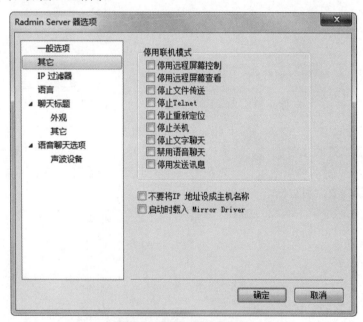

图 9-76　设置停用联机模式

（5）单击"确定"按钮，保存设置并关闭该对话框。在"Radmin 服务器设置"对话框中单击"使用权限"按钮，打开如图 9-77 所示的"RadminServer 器安全模式"对话框。

（6）单击"使用权限"按钮，打开如图 9-78 所示的"Radmin 安全性"对话框。

图 9-77　"RadminServer 器安全模式"对话框

图 9-78　"Radmin 安全性"对话框

（7）单击"添加用户"按钮，打开如图 9-79 所示的"添加 Radmin 用户"对话框，分别在"用户姓名""密码"和"确认密码"文本框中输入想要添加的用户名和密码即可。

（8）单击"确定"按钮，返回"Radmin 安全性"对话框，在"Radmin 用户"选项区域中选中新添加的用户，在"权限"选项区域中设置该用户的连接权限，如图 9-80 所示。

（9）单击"确定"按钮，保存设置即可。

图 9-79　添加 Radmin 用户

图 9-80　设置用户权限

9.5.2 连接远程主机

在控制端安装 Radmin Viewer，就可以连接远程主机，具体操作步骤如下：

（1）单击"开始"→"所有程序"→"Radmin Viewer 3"→"Radmin Viewer 3"命令，打开如图 9-81 所示的"Radmin Viewer"窗口。

图 9-81 "Radmin Viewer"窗口

（2）在"Radmin Viewer"窗口中，单击"联机"→"联机到"命令，创建一个新的链接，如图 9-82 所示。

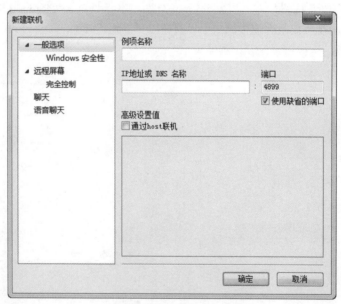

图 9-82 "新建联机"对话框

（3）在"新建联机"对话框中，输入例项名称和被控端主机 IP 地址，然后单击"确定"按钮，返回到"Radmin Viewer"窗口中，如图 9-83 所示。

（4）在"Radmin Viewer"窗口中，双击要远程控制的主机图标，在弹出的"Radmin 安全性"对话框中，输入在服务端设置的用户名及密码，然后单击"确定"按钮，如图 9-84 所示。

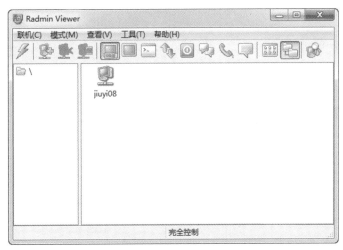

图 9-83　创建的联机

图 9-84　单击"确定"按钮

（5）单击"确定"按钮后，弹出如图 9-85 所示的窗口，在该窗口中显示远程主机的桌面，并能控制远程主机。

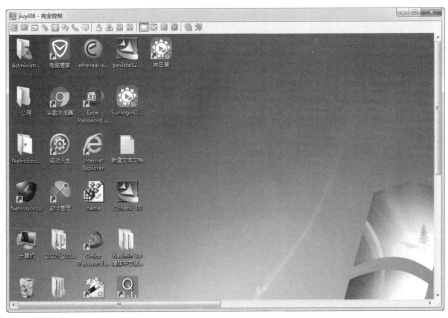

图 9-85　显示远程窗口

第 10 章

网络数据备份和恢复工具

在局域网中数据是非常重要的，并且这些数据是不能用金钱来衡量的。因此，密码安全和备份数据是网络管理员非常重要的工作。另外，在完成数据备份之后，如果操作系统崩溃、网络服务停止或数据丢失时，则可以使用备份的数据库轻松完成数据的恢复工作，从而在最大程度上减少损失。

本章主要介绍密码重置、数据备份和恢复工具的使用方法，如 Windows 系统管理员密码重置工具、系统数据备份与还原工具、数据恢复工具等。

10.1　Windows 系统管理员密码重置工具

为了加强电脑安全，防止非法用户使用电脑，很多用户都会为 Windows 设置登录密码，这样做无疑大大增强了系统的安全性。但是，在电脑长时间闲置不用后，用户往往会不慎忘记 Windows 登录密码，将自己关在电脑的大门之外。除了格式化硬盘、重新安装操作系统之外，用户还可以通过破解的方法得到或清除原有密码。

本节主要介绍 Windows 系统管理员密码常用的重置工具，如 Active@ Password Changer Professional、NTPWEdit 等。

10.1.1　Active@ Password Changer Professional 工具

Active@ Password Changer Professional 是一款功能强大的 Windows 系统密码重置软件，该软件能够对 Windows 系统下的本地管理员和密码进行重置。

下面以 Active@ Password Changer Professional 工具破解 Windows Server 2008 R2 的系统管理员密码为例，介绍该工具的使用方法。

【实验 10-1】破解 Windows Server 2008 R2 系统管理员密码

具体操作步骤如下：

（1）使用含有 Active@ Password Changer Professional 工具的启动 U 盘，启动电脑并进入 PE 系统，运行 Active@ Password Changer Professional。

即扫即看

（2）在弹出的 Active@ Password Changer Professional 对话框中，选择 Search all volumes for Microsoft Security Accounts Manager Database（SAM），然后单击"下一步"按钮，如图 10-1 所示。

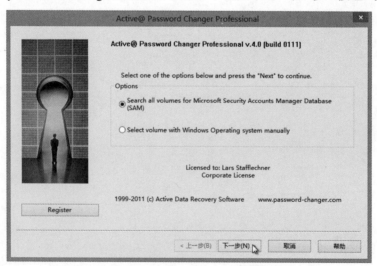

图 10-1　单击"下一步"按钮

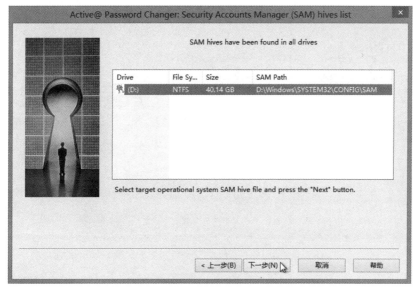
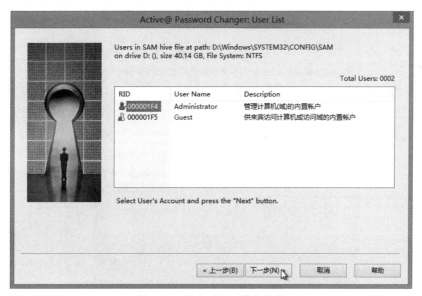

ignore

x

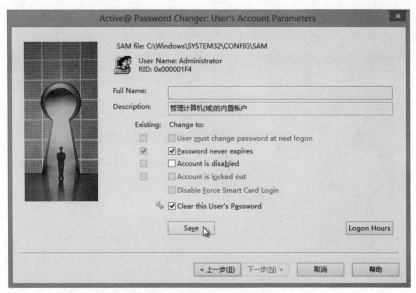

图 10-4 单击"Save"按钮

（6）在弹出的"Save Parameters"对话框中，单击"是"按钮，如图 10-5 所示。

图 10-5 单击"是"按钮

（7）在弹出的如图 10-6 所示的"Save Parameters"对话框中，单击"确定"按钮。重新启动系统，Windows Server 2008 R2 系统管理员密码就破解了，不需要输入密码，直接登录了。

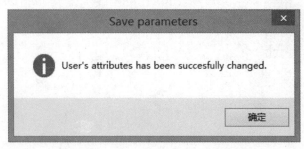

图 10-6 "Save Parameters"对话框

10.1.2 NTPWEdit 工具

NTPWEdit 工具可以查看并修改系统 SAM 文件中的密码，SAM 文件中记载着系统用户名和密码，一般情况下是无法打开的，使用 NTPWEdit 可以在 PE 系统下修改用户名和密码。

【实验 10-2】重设 Windows 10 系统管理员密码

具体操作步骤如下：

（1）使用含有 NTPWEdit 工具的启动 U 盘，启动电脑并进入 PE 系统，运行 NTPWEdit，单击 ... 按钮，如图 10-7 所示。

即扫即看

图 10-7　"NTPWEdit" 对话框

（2）在弹出的 "打开" 对话框中，选择 Windows 10 操作系统的 SAM 文件，然后单击 "打开" 按钮，如图 10-8 所示。

图 10-8　单击 "打开" 按钮

提示：Windows 7/10 操作系统中的 SAM 文件，一般在 X:\Windows\System32\Config 文件夹中（X 为安装操作系统所在的盘符）。

（3）在 "NTPWEdit" 对话框中，选择 Windows 10 的系统管理员 Administrator，然后单击 "更改口令" 按钮，如图 10-9 所示。

（4）在弹出的如图 10-10 所示的对话框中，输入 Windows 10 系统管理员 Administrator 新的密码，然后单击"OK"按钮。

图 10-9　单击"更改口令"按钮　　　　　　　图 10-10　单击"OK"按钮

提示： 除了可以更改系统管理员密码外，还可以更改其他用户的密码。如果在图 10-10 所示的对话框中不输入密码，直接单击"OK"按钮，则取消系统管理员或其他用户的密码。

（5）单击"OK"按钮后，返回"NTPWEdit"对话框中，单击"保存更改"按钮，然后单击"退出"按钮，如图 10-11 所示。

图 10-11　单击"退出"按钮

（6）重新启动操作系统，即可用修改后的密码登录，登录成功后，进入 Windows 10 系统窗口，如图 10-12 所示。

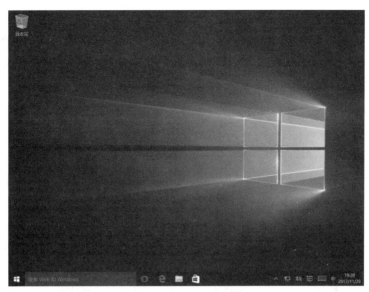

图 10-12　Windows 10 窗口

10.2　系统数据备份与还原工具

在局域网运行过程中，随时都有可能因为这样或那样的原因，造成系统的不稳定，从而导致数据的丢失。因此，在局域网中用户应该随时注意备份数据。

下面介绍常用的系统数据备份与还原工具，如 Ghost、一键还原精灵等。

10.2.1　使用 Ghost 工具备份数据

Ghost 软件是美国著名软件公司 SYMANTEC 推出的硬盘复制工具，与一般的备份和恢复工具不同的是：Ghost 软件备份和恢复是按照硬盘上的簇进行的，这意味恢复时原来分区会被完全覆盖，已恢复的文件与原硬盘上的文件地址不变。

而有些备份和恢复工具只起到备份文件内容的作用，不涉及物理地址，很有可能导致系统文件的不完整，这样当系统受到破坏时，由此类方法恢复将不能达到系统原有的状况。

在这方面，Ghost 有着绝对的优势，能使受到破坏的系统"完璧归赵"，并能一步到位。它的另一项特有的功能就是将硬盘上的内容"克隆"到其他硬盘上，这样可以不必重新安装原来的软件，从而节省大量时间，这是软件备份和恢复工作的一次革新。

使用 Norton Ghost 不仅可以备份硬盘数据，还可以备份硬盘的一个分区。下面分别介绍使用 Norton Ghost 快速备份硬盘和备份硬盘分区的操作。

1．备份硬盘分区数据

备份硬盘分区数据即把一个硬盘上的某个分区备份到硬盘的其他分区或另一个硬盘的某个分区中。一般情况下，主要是备份硬盘中的 C 区。

【实验 10-3】备份硬盘 C 区数据

具体操作步骤如下：

（1）确定将操作系统、所有硬件的驱动程序、优化程序和所有的用户软件等　即扫即看安装好，并且工作正常。

　　提示：如果系统已经安装并运行了一段时间，用户应该先检查系统运行的稳定状态，并将所有不再需要的应用程序和所有的垃圾文件和临时文件删除，另外还要用磁盘扫描和磁盘整理程序对硬盘错误进行检查并使硬盘上的数据排列有序。

　　（2）使用带有 Ghost 程序的启动 U 盘，启动电脑并进 PE 系统，运行 Ghost 程序（也可以把 Ghost 程序复制在除系统 C 盘外的磁盘中，用启动 U 盘引导到该磁盘并启动 Ghost），如图 10-13 所示。

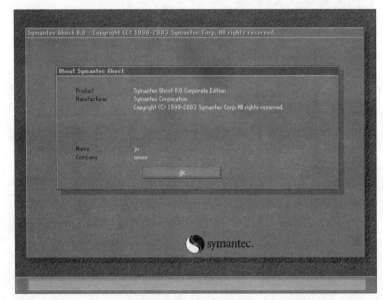

图 10-13　Ghost 程序

　　（3）单击 OK 按钮，进入 Ghost 主程序窗口，如图 10-14 所示。

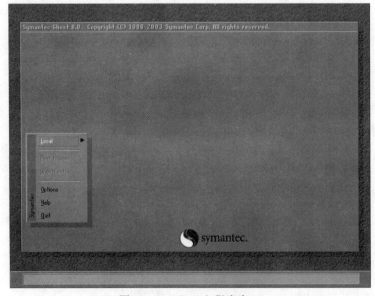

图 10-14　Ghost 主程序窗口

（4）单击 Local → Partition → To Image 命令，如图 10-15 所示，将硬盘分区备份到一个镜像文件。

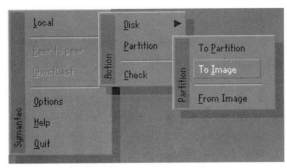

图 10-15　选择备份分区命令

提示：Partition 子菜单中有三个选项，其中 To Partition 选项表示将一个分区的内容克隆到其他分区中，To Image 选项表示将一个分区的内容备份成镜像文件，而 From Image 选项则表示从镜像文件恢复到分区。

（5）在弹出的如图 10-16 所示的对话框中，选择备份的硬盘，在这里选择硬盘 1。

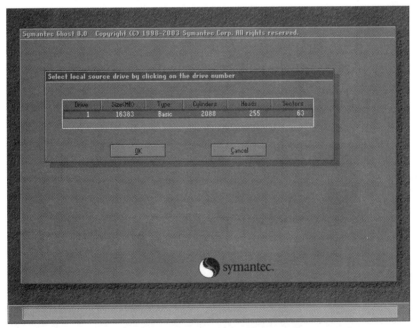

图 10-16　选择备份的硬盘

（6）单击 OK 按钮，弹出如图 10-17 所示的对话框，选择需要备份的硬盘分区，一般情况下，备份硬盘 C 区。

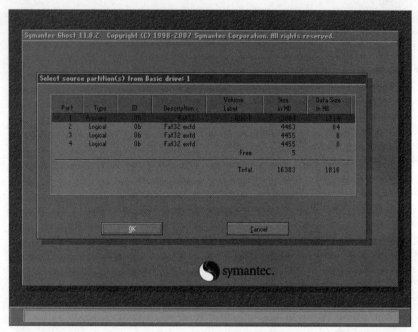

图 10-17　选择备份的分区

（7）单击 OK 按钮，弹出如图 10-18 所示的对话框，设置存放镜像文件的路径及名称。

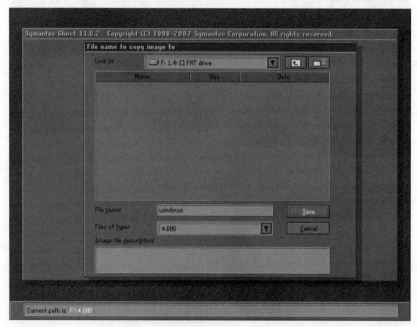

图 10-18　设置存放备份的文件名

（8）单击 Save 按钮，弹出如图 10-19 所示的对话框，提示用户选择压缩方式，在这里选择 Fast 压缩方式。

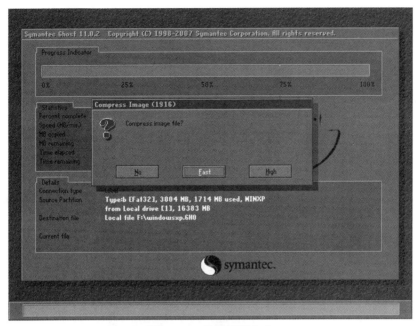

图 10-19　选择压缩方式

提示：No 表示不压缩；Fast 表示低度压缩；High 表示高度压缩。

（9）按 Enter 键，在弹出的如图 10-20 所示的确认对话框中，选择 Yes 按钮，随后程序开始将系统分区备份到指定的镜像文件中。

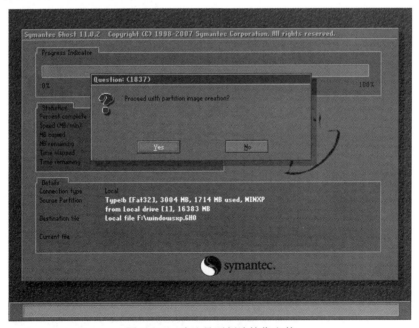

图 10-20　确认是否创建镜像文件

（10）镜像文件创建完成后显示一个继续提示框，按 Enter 键即可返回到 Ghost 的主界面，再按 Ctrl+Alt+Delete 组合键重新启动电脑即可。

2．备份硬盘数据

备份硬盘数据的前提是需要有两个硬盘，否则无法进行硬盘数据的备份，只能进行硬盘分区的备份，具体操作步骤如下：

（1）确定将操作系统、所有硬件的驱动程序、优化程序以及所有的用户软件等都安装好，并且工作正常。

（2）在BIOS中设置为U盘启动，保存退出，并将含有Ghost程序的启动U盘插入电脑USB接口中。

（3）重新启动电脑，进入PE系统，运行ghost程序。

（4）单击OK按钮，进入Ghost程序主窗口。

（5）单击Local → Disk → To Image命令，如图10-21所示。将硬盘数据备份到一个镜像文件中。

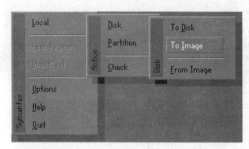

图10-21　选择备份硬盘命令

提示： Disk子菜单中有三个选项，其中To Disk选项表示硬盘对硬盘完全复制，To Image选项表示将硬盘内容备份成镜像文件，而From Image选项则表示从镜像文件恢复到原来硬盘。

（6）弹出如图10-22所示的对话框，选择要备份的硬盘，在这里选择硬盘1。

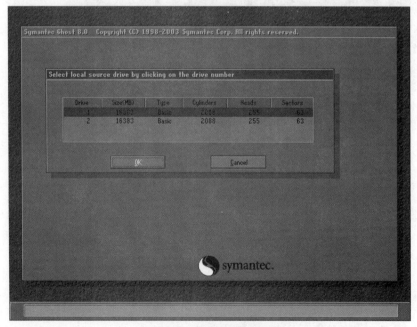

图10-22　选择备份的硬盘

（7）单击 OK 按钮，弹出如图 10-23 所示的对话框，选择备份的目标磁盘。

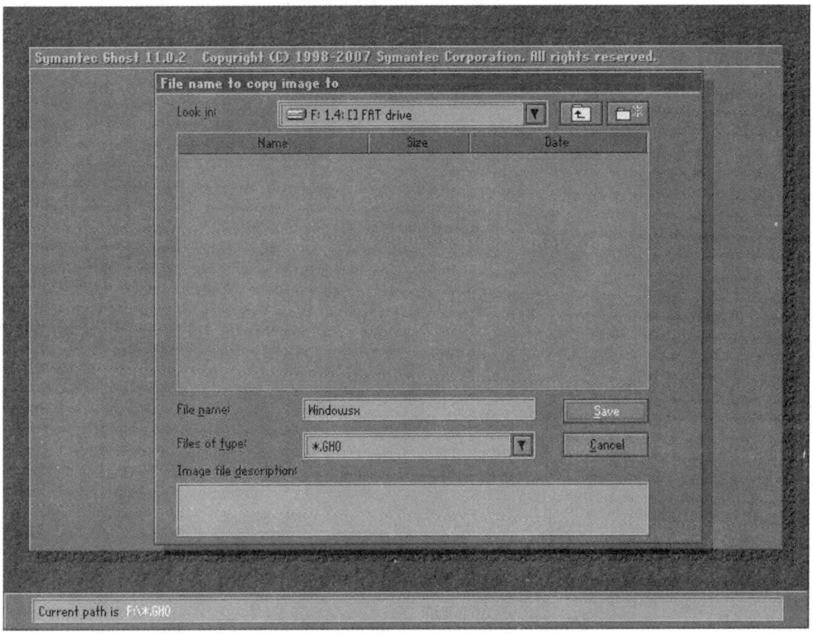

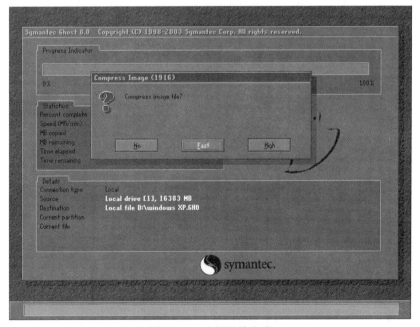

图 10-23　设置备份文件的路径及名称

（8）单击 Save 按钮，弹出如图 10-24 所示的对话框，选择压缩方式。

图 10-24　选择压缩方式

（9）选择 Fast 压缩方式，按 Enter 键，弹出如图 10-25 所示的对话框，提示用户确认是否继续备份。

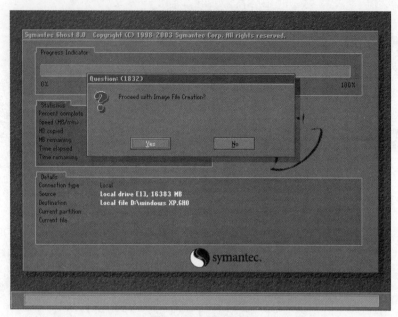

图 10-25　确认备份

（10）单击 Yes 按钮，Ghost 程序将开始备份硬盘数据，并显示备份进度，如图 10-26 所示。

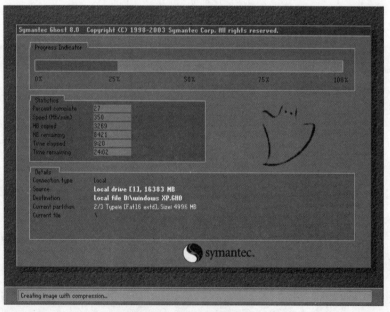

图 10-26　备份进度显示

（11）备份完成后，在弹出的提示用户完成硬盘数据的备份的对话框中，单击 Continue 按钮，返回 Ghost 程序主窗口，单击 Quit 按钮退出 Ghost 程序即可。

10.2.2　利用 Ghost 快速恢复数据

当计算机的操作系统出现故障无法正常运行时，可以使用 Ghost 备份的文件来快速恢复硬盘的数据或硬盘分区的数据。

1. 利用镜像文件恢复分区

下面以使用 Ghost 备份的文件快速恢复硬盘分区的数据为例，介绍使用 Ghost 备份的文件快速恢复系统的方法。

【实验 10-4】还原硬盘 C 区数据

具体操作步骤如下：

（1）在 BIOS 中设置为 U 盘启动，保存退出，并将含有 Ghost 程序的启动 U 盘插入电脑 USB 接口中。

（2）重新启动计算机后，进入 PE 系统，运行 Ghost 程序。

提示：如果没有加载鼠标驱动程序，在 DOS 状态下 Ghost 无法使用鼠标进行控制，需要使用 Tab 键、上下方向键和 Enter 键来进行功能的选取。

（3）单击 OK 按钮，进入 Ghost 程序主窗口，单击 Local → Partition → From Image 命令，如图 10-27 所示。

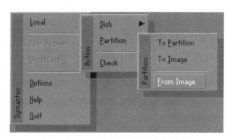

图 10-27　选择恢复分区命令

（4）在弹出的如图 10-28 所示的对话框中，选择备份文件的存放路径及名称。

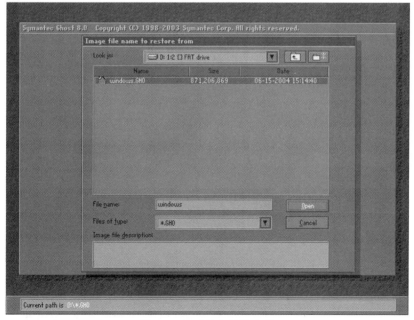

图 10-28　选择备份的文件

（5）单击 Open 按钮，在弹出的提示用户选择备份文件所在的硬盘的对话框中，选择硬盘 1。

（6）单击 OK 按钮，在弹出的提示用户选择需要恢复的目标硬盘的对话框中，选择硬盘 1。

（7）单击 OK 按钮，在弹出的提示用户选择需要恢复的分区的对话框中，选择硬盘 C 区，如图 10-29 所示。

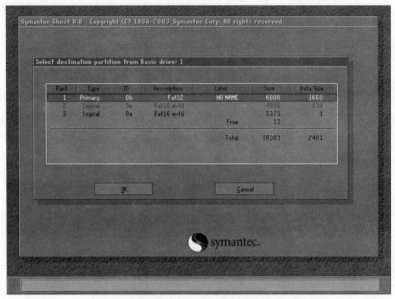

图 10-29　选择恢复的分区

（8）单击 OK 按钮，在弹出的提示用户确认是否恢复硬盘分区数据的对话框中，单击 Yes 按钮，Ghost 程序将开始恢复分区数据。

（9）恢复分区数据完成后，在弹出的对话框中，单击 Reset Computer 按钮，重新启动计算机即可。

（10）重新启动计算机后，系统自动进入 Windows 7 系统界面，如图 10-30 所示。

图 10-30　恢复后的 Windows 7 系统

提示：在恢复数据的操作时，不要断电或中断操作，否则将无法完成恢复操作。

Ghost 程序有许多有用的命令行参数，表 10-1 所示为常用的命令行参数。

表 10-1　Ghost 命令行参数及作用表

参　数	作　　用
-rb	本次 Ghost 操作结束退出时自动重新启动
-fx	本次 Ghost 操作结束退出时自动回到 DOS 提示符
-sure	对所有要求确认的提示或警告一律回答 Yes
-fro	如果源分区发现坏簇，则略过提示强制复制
-fnw	禁止对 FAT 分区进行写操作，以防误操作
-f32	将源 FAT16 分区复制后转换成 FAT32（前提是目标分区容量不小于 2GB）
-crcignore	忽略 Image file 中的 CRC ERROR
-span	分卷参数，当空间不足时提示复制到另一个分区的另一个 Image file 中
-auto	分卷复制时不提示就自动赋予一个文件名继续执行
-f64	将源 FAT16 分区复制转换 64KB/ 簇（原本是 512KB/ 簇，其前提是目标分区容量不小于 2GB），此参数仅仅适用于 Windows NT/2000 系统

提示：在使用 Ghost 恢复系统时常出现这样那样的麻烦，比如：恢复时出错、失败，恢复后资料丢失、软件不可用等。下面笔者将根据自己的使用经验，介绍使用 Ghost 进行克隆前要注意的一些事项。

在使用 Ghost 软件时，最好为 Ghost 克隆出的镜像文件划分一个独立的分区。把 Ghost.exe 和克隆出来的镜像文件存放在这一分区里，以后这一分区不要做磁盘整理等操作，也不要安装其他软件。因为镜像文件在硬盘上占有很多簇，只要其中一个簇损坏，镜像文件就会出错。有很多用户克隆后的镜像文件起初可以正常恢复系统，但过段时间后却发现恢复时出错，其主要原因也就在这里。

另外，一般先安装一些常用软件后才进行克隆，这样系统恢复后可以节约很多常用软件的安装时间。为节省克隆的时间和空间，最好把常用软件安装到系统分区外的其他分区，仅让系统分区记录它们的注册信息等，使 Ghost 真正快速、高效。

克隆前用 Windows 优化大师等软件对系统进行一次优化，对垃圾文件及注册表冗余信息进行一次清理，另外再对系统分区进行一次磁盘整理，这样克隆出来的实际上已经是一个优化的系统镜像文件。将来如果要对系统进行恢复，便能一开始就拥有一个优化的系统。

最好不要把 Ghost 运行程序放置在需要备份的分区中，因为这样有时会出现无法备份的情况。

采用"硬盘备份"模式的时候，一定要保证目标盘的大小不低于源盘容量，否则会导致复制出错，而且这种模式备份的文件不能大于 2GB。

2. 从镜像文件恢复整个硬盘

从镜像文件中恢复整个硬盘的具体步骤如下：

（1）在 BIOS 中设置为 U 盘启动，保存退出，并将含有 Ghost 程序的启动 U 盘插入电脑 USB 接口中。

（2）重新启动计算机，进入 PE 系统，运行 Ghost 程序。

（3）单击 OK 按钮，进入 Ghost 程序主窗口。

（4）单击 Local → Disk → From Image 命令，如图 10-31 所示，从镜像文件恢复整个硬盘数据。

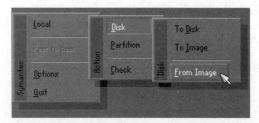

图 10-31　单击 From Image 命令

（5）在弹出的对话框中，选择事先保存有镜像文件的分区，如图 10-32 所示。

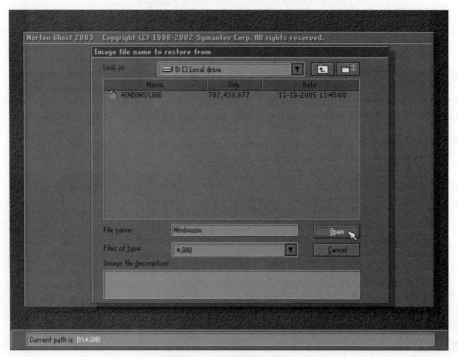

图 10-32　选择镜像文件

（6）单击 Open 按钮，在弹出的如图 10-33 所示的对话框中，选择要恢复的目标驱动器。

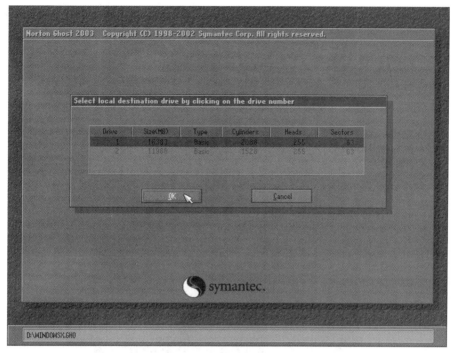

图 10-33　选择目标驱动器

（7）单击 OK 按钮，在弹出的如图 10-34 所示的对话框中，列出了目标驱动器比较详细的分区信息。

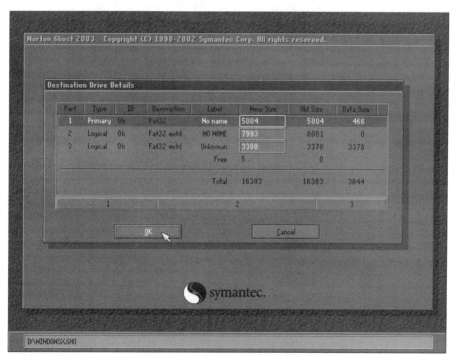

图 10-34　目标驱动器分区信息

（8）单击 OK 按钮，在接下来的操作中根据提示进行操作即可。

10.2.3 使用"一键还原精灵"工具备份系统

一键还原精灵是基于 Ghost 而开发制作的，与 Ghost 不同的是，该软件在进行数据备份和还原的过程中，完全不需要用 DOS 进行系统引导，而且不会破坏硬盘数据。

Ghost 系统备份与恢复安全稳定，但操作起来比较烦琐。一键还原精灵是一款傻瓜式的系统备份和还原工具，具有安全、快速、保密性强、压缩率高、兼容性好等特点，特别适合电脑新手和担心操作麻烦的人使用。

该软件在备份或恢复系统时不用光盘或 U 盘启动盘，只需在开机时选择系统菜单或按热键即可。

使用"一键还原精灵"备份系统的基本操作如下：

（1）在网站上下载一键还原精灵的标准版后，运行一键还原精灵，弹出如图 10-35 所示的对话框，单击"安装"按钮。

图 10-35 单击"安装"按钮

（2）在弹出的"一键还原精灵 - 安装"对话框中，设置菜单名称、等待时间、备份文件位置、启动方式及 Ghost 版式，如图 10-36 所示。

（3）单击"安装"按钮后，开始安装一键还原精灵，安装完成后，在弹出的如图 10-37 所示的对话框中，单击"确定"按钮。

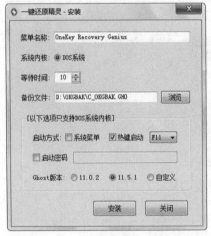

图 10-36 "一键还原精灵 - 安装"对话框

图 10-37 单击"确定"按钮

（4）单击"确定"按钮后，重新启动计算机，在屏幕中出现如图 10-38 所示的"Press【F11】to Start UShenDu One Key Recovery"提示信息时，按 F11 键。

图 10-38　提示信息

（5）按 F11 键后，弹出如图 10-39 所示的窗口，由于首次运行一键还原精灵，因此需要备份一下系统，单击"备份系统"按钮。

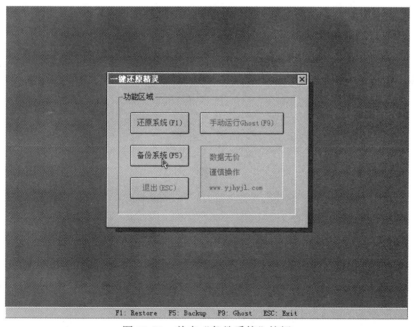

图 10-39　单击"备份系统"按钮

（6）用户不进行任何操作，10s 后程序将自动开始备份系统，如图 10-40 所示。

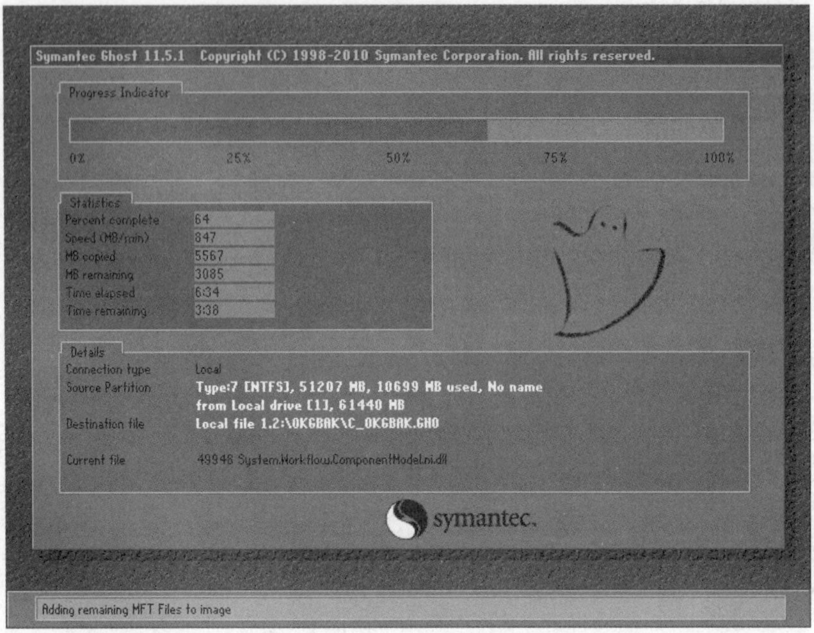

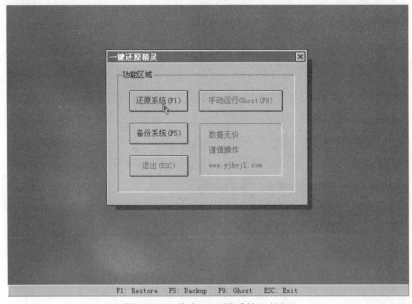

图 10-40　程序开始备份系统

（7）备份系统完成后，系统自动重新启动即可。

10.2.4　使用"一键还原精灵"还原系统

使用"一键还原精灵"还原系统的基本操作如下：

（1）系统出现故障需要重新系统时，屏幕出现"Press【F11】to Start UShenDu One Key Recovery"提示时，按下 F11 键后，弹出如图 10-41 所示的窗口，单击"还原系统"按钮。

图 10-41　单击"还原系统"按钮

（2）用户不进行任何操作，10s 后，程序将开始自动还原系统，如图 10-42 所示。还原系统完成后，系统将自动重新启动。

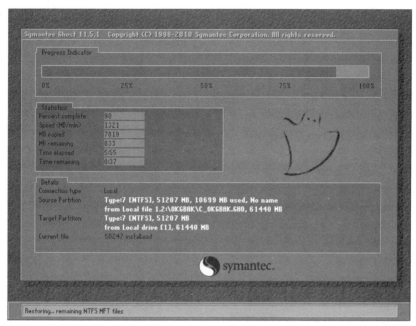

图 10-42　程序自动还原系统

10.3　数据恢复工具

数据损坏或丢失是电脑使用过程中时常发生的事情，如果重要文件丢失或损坏，将会造成很大的损失。数据损坏的原因一般是由误删除、误格式化、误分区、感染病毒、硬盘 MBR 损坏或丢失、硬盘 DBR 损坏或丢失、硬盘的物理损坏（电路故障、磁头故障等）等引起的，下面介绍数据丢失后的恢复工具以及使用方法。

10.3.1　恢复被误删的文件

文件误删除通常是由于种种原因把文件直接删除（按住 Shift 键删除）或删除文件后清空回收站而造成的数据丢失。这是一种比较常见的数据丢失的情况。

对于这种数据丢失情况，在数据恢复前不要再向该分区或者磁盘写入信息（保存新资料），如果向该分区或磁盘写入信息可能将误删除的数据覆盖，而造成无法恢复的情况。

文件删除仅仅是把文件的首字节改为 E5H，而数据区的内容并没有被修改，因此比较容易恢复。用户可以使用数据恢复软件轻松地把误删除或意外丢失的文件找回来。

在文件误删除或丢失时，可以使用 Final Data、Undelete Plus 等数据恢复工具进行恢复。下面介绍几种常用的数据恢复工具恢复文件的方法。

注意：在发现文件丢失后，准备使用恢复软件时，不能直接在本机安装这些恢复工具，因为软件的安装可能恰恰把刚才丢失的文件覆盖掉。最好使用能从光盘直接运行的数据恢复软件，或者把硬盘挂接在别的机器上进行恢复。

1. Final Data 工具

当文件被误删除（并从回收站中清除）、FAT 表或者磁盘根区被病毒侵蚀造成文件信息全部丢失、物理故障造成 FAT 表或者磁盘根区不可读，以及磁盘格式化造成的全部文件信息丢失之后，FinalData 都能够通过直接扫描目标磁盘抽取并恢复出文件信息（包括文件名、文件类型、原始位置、创建日期、删除日期、文件长度等），用户可以根据这些信息方便地查找和恢复自己需要的文件。甚至在数据文件已经被部分覆盖以后，专业版 FinalData 也可以将剩余部分文件恢复出来。

【实验 10-5】使用 Final Data 工具恢复被误删除的文件

使用 FinalData 恢复数据的方法如下：

（1）启动 FinalData 程序，在"FinalData 企业版 V3.0"窗口中，单击"文件"→"打开"命令，如图 10-43 所示。

图 10-43　单击"文件"→"打开"命令

（2）在弹出的如图 10-44 所示的"选择驱动器"对话框中，选择要扫描的分区，然后单击"确定"按钮。

图 10-44　单击"确定"按钮

（3）在弹出的如图 10-45 所示的"选择要搜索的簇范围"对话框中，分别在"起始"和"结束"文本框中进行设置。

图 10-45 "选择要搜索的簇范围"对话框

（4）单击"确定"按钮，程序开始扫描指定簇，这个过程需要几分钟的时间。

（5）扫描完成后，在右侧窗口中显示可恢复文件，选择需要恢复的文件，右击并在弹出的快捷菜单中选择"恢复"命令，如图 10-46 所示。

图 10-46 选择"恢复"命令

（6）在弹出的对话框中，设置恢复文件的保存路径。

（7）单击"保存"按钮，系统开始进行文件恢复，完成后在保存位置即可找到恢复的文件。

2. Undelete Plus 工具

Undelete Plus 可以快捷而有效地恢复误删除的文件，包括从回收站中清空的以及从 DOS 窗口中删除的文件等，支持 FAT12/FAT16/FAT32/NTFS/NTFS5 文件格式。

与 Final Data 工具相比，Undelete Plus 扫描速度更快，支持的文件格式更广泛。Undelete Plus 只支持在 Windows 窗口运行，而 Final Data 工具既可以在 Windows 窗口中运行，也支持在 DOS 窗口中运行。

【实验 10-6】使用 Undelete Plus 恢复被误删除的文件

使用 Undelete Plus 软件恢复误删除文件的步骤如下：

（1）双击 Undelete Plus 软件图标，运行 Undelete Plus 程序，选择误删除文件
所在的分区，这里选择"E:"，然后单击 Start Scan"按钮，如图 10-47 所示。

即扫即看

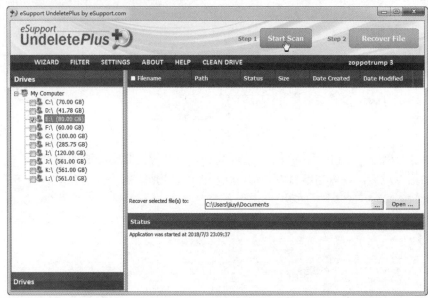

图 10-47　单击"开始扫描"按钮

（2）扫描过程中会显示扫描进度，扫描结束后出现如图 10-48 所示的提示对话框，提示用
户找到已删除的文件数量。

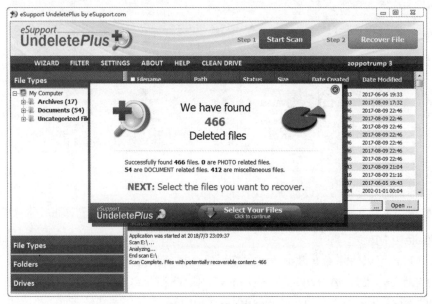

图 10-48　搜索结果

（3）单击"Select Your Files"按钮，关闭该提示框，返回主界面。在右侧搜索到的文件中

选择需要恢复的文件，可以是一个文件也可以是多个，被选中的文件前面框中有对号标志，如图 10-49 所示。

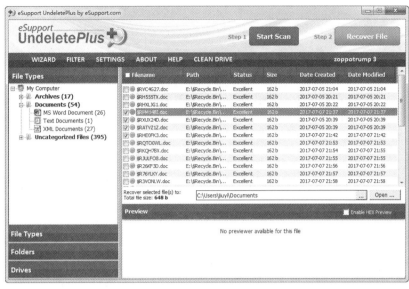

图 10-49　选择需要恢复的文件

（4）单击"Recover Files"按钮，如图 10-50 所示，软件将执行还原操作。

图 10-50　单击"Recover Files"按钮

10.3.2　恢复硬盘物理结构损坏后的数据

在实际操作中，重新分区并快速格式化（Format 不要加 U 参数）、快速低级格式化等，都不会把数据从物理扇区的数据区中实际抹去。重新分区和快速格式化只不过是重新构造新的分区表和扇区信息，都不会影响原来的数据在扇区中的物理存在，直到有新的数据去覆盖它们为止。而快速低级格式化，是用 DM 等磁盘软件快速重写盘面、磁头、柱面、扇区等初始化信息，仍然不会把数据从原来的扇区中抹去。因此可以使用数据恢复软件轻松地把误分区或误格式化后丢失的数据找回来。

在硬盘被误分区或误格式化后，可以使用 Easy Recovery 或 Data Explore 数据恢复大师等数据恢复工具进行恢复。下面分别介绍使用 Easy Recovery 和 Data Explore 数据恢复大师恢复数据的方法。

1. 使用 Easy Recovery 工具恢复数据

Easy Recovery 由 ONTRACK 公司开发的数据恢复软件，它是威力非常强大的硬盘数据恢复工具，能够帮助用户恢复丢失的数据以及重建文件系统。其功能包括磁盘诊断、数据恢复、文件修复、E-mail 修复全部 4 大类共 19 个项目的各种数据文件修复和磁盘诊断方案。

【实验 10-7】使用 Easy Recovery 恢复格式化后的硬盘分区

硬盘格式化分为高级格式化和低级格式化，低级格式化针对磁道为单位来工作，我们一般接触不到，目前绝大多数都是高级格式化。

高级格式化分为快速格式化和普通格式化，快速格式化是清理掉文件分配表，使自动检测找不到文件，并不是真正的格式化磁盘；普通格式化则是清除掉磁盘上所有内容，无法恢复。目前大家遇到的情况多为快速格式化，则可以使用 Easy Recovery 来进行恢复，具体步骤如下：

（1）启动 Easy Recovery，单击左侧的"数据恢复"按钮，然后在右侧的功能区中单击"格式化恢复"按钮，如图 10-51 所示。

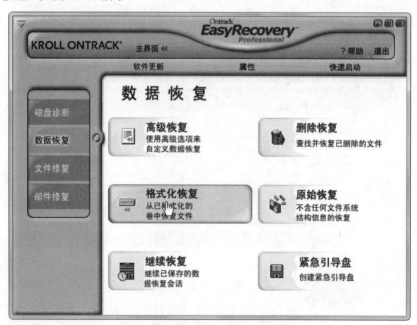

图 10-51　单击"格式化恢复"按钮

（2）在弹出的"目的地警告"对话框中，单击"确定"按钮。

（3）在弹出的对话框中，选择被格式化的分区和先前的文件系统，然后单击"下一步"按钮，如图 10-52 所示。

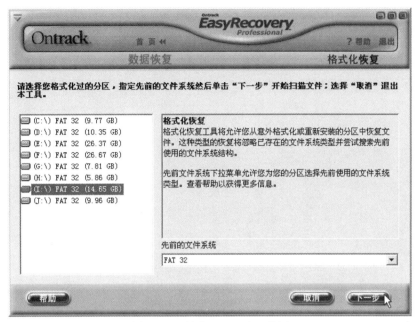

图 10-52 单击"下一步"按钮

（4）程序开始扫描文件，这个过程需要几分钟的时间。扫描完成后显示该分区在格式化前的所有文件，其中左侧为根目录下的文件夹，右侧为根目录下的文件。

（5）选择要恢复的文件或文件夹，如图 10-53 所示。然后单击"下一步"按钮。

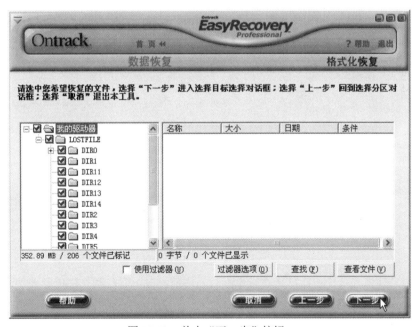

图 10-53 单击"下一步"按钮

（6）在"恢复至本地驱动器"后面的文本框中，输入恢复文件的路径，如图 10-54 所示。

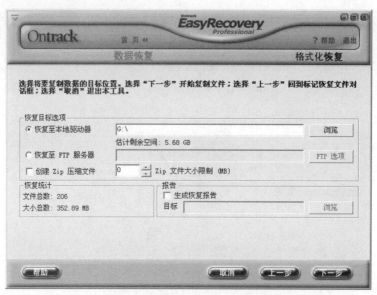

图 10-54　输入恢复文件的路径

（7）单击"下一步"按钮，程序开始进行恢复，恢复完成后显示详细信息，如图 10-55 所示，单击"完成"按钮即可。

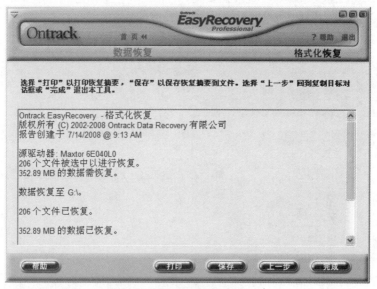

图 10-55　格式化恢复详细信息

注意：这里的恢复路径不能与误删除文件的原路径相同，否则将无法进行恢复。

2. 使用 Data Explore 数据恢复大师恢复数据

Data Explore 数据恢复大师支持 FAT12/FAT16/FAT32/NTFS/EXT2 文件系统，能找出被删除、快速格式化、完全格式化、删除分区、分区表被破坏或者 Ghost 破坏后磁盘中的文件。

与 Easy Recovery 功能强大，支持不同类型的文件恢复不同，Data Explore 数据恢复大师功能相对简单，不过其支持的文件系统更加广泛，应用范围更大，特别是能恢复 Ghost 破坏后的磁盘文件，是 Easy Recovery 所不具备的功能。

　　使用 Data Explore 数据恢复大师进行数据恢复的具体步骤如下：

　　（1）运行 Data Explore 数据恢复大师，在弹出的"选择数据"对话框中，选择"重新分区的恢复/丢失（删除）分区的恢复/分区提示格式化的恢复"选项，然后选择"HD0"硬盘，如图 10-56 所示。

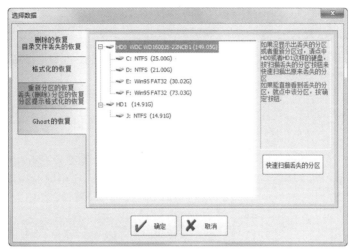

图 10-56　"选择数据"对话框

　　（2）单击"确定"按钮，系统开始搜索丢失的数据，搜索完成后，显示找到的数据。

　　（3）选择需要恢复的文件，右击并在弹出的快捷菜单中选择"导出"命令，如图 10-57 所示。

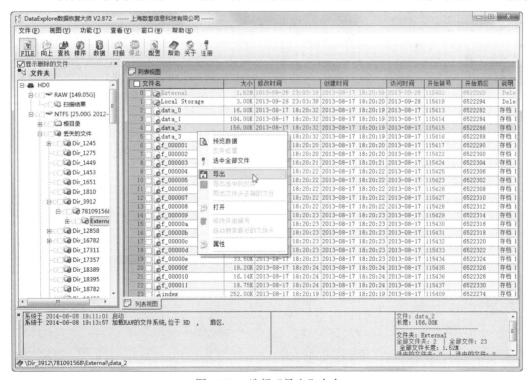

图 10-57　选择"导出"命令

（4）在弹出的"浏览文件夹"对话框中，选择保存的位置，然后单击"确定"按钮即可。

10.3.3 恢复损坏后的 Office 数据

一般损坏的文件不能正常打开常常是因为文件头被意外破坏。而恢复损坏的文件需要了解文件结构，对于一般的人来说，深入了解一个文件的结构比较困难，所以恢复损坏的文件常常使用一些工具软件。下面将讲解几种常用的文件恢复工具。

1. Word 文件损坏数据恢复

Word 文档是许多电脑用户写作时使用的文件格式，如果它损坏而无法打开时，可以采用一些方法修复损坏文档，恢复受损文档中的文字。

（1）使用转换文档格式方法修复

将 Word 文档转换为另一种格式，然后再将其转换回 Word 文档格式。这是最简单和最彻底的文档恢复方法，具体步骤如下：

① 在 Word 中打开损坏的文档，单击"文件"→"另存为"命令，打开"另存为"对话框。

② 在"保存类型"下拉列表中选择"RTF 格式（*.rtf）"选项，如图 10-58 所示，然后单击"保存"按钮。

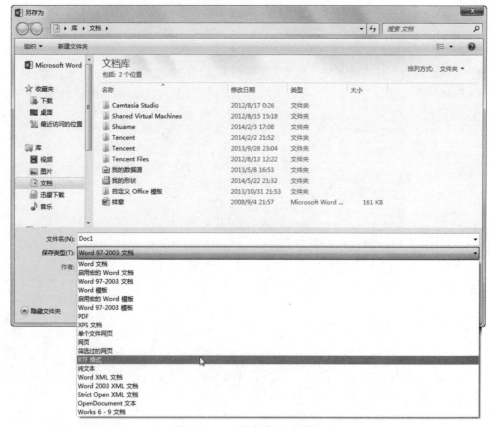

图 10-58　"另存为"对话框

③ 关闭文档，然后重新打开 RTF 格式文件，单击"文件"→"另存为"命令，打开"另存为"对话框。

④ 在"保存类型"下拉列表中选择"Word 文档（*.doc）"选项，然后单击"保存"按钮。

⑤ 关闭文档，然后重新打开刚创建的 doc 格式文件。

提示：Word 文档与 RTF 的互相转化将保留文档的格式。如果这种转换没有纠正文件损坏，则可以尝试与其他文字处理格式的互相转换。如果使用这些格式均无法解决本问题，可将文档转换为纯文本格式，再转换回 Word 格式。由于纯文本格式的比较简单，这种方法有可能更正损坏处，但是文档的所有格式设置都将丢失。

（2）采用专用修复功能恢复

"打开并修复"是 Word 2002/2003/2007/2010/2013/2016 具有的功能，如果该方法仍不能打开受损坏文档，当 Word 文件损坏后可以尝试采用专用修复功能恢复，具体步骤如下：

① 首先启动 Word 2013，单击"文件"→"打开"命令，打开"打开"对话框。

② 在"打开"对话框中，选中已损坏的乱码文档或无法打开的 Word 文档，然后单击"打开"按钮旁边的小三角形，从下拉菜单中选择"打开并修复"命令，如图 10-59 所示。

图 10-59　选择"打开并修复"命令

③ 查看 Word 文档能否正常打开和显示，如果显示正常，那么只需要将该文档另存为一个新的文档即可。

④ 如果仍然不行，则单击"文件"→"选项"命令，在弹出的"Word 选项"对话框中，选择"高级"选项卡，选中"打开时确认文件格式转换"复选框，如图 10-60 所示。单击"确定"按钮。

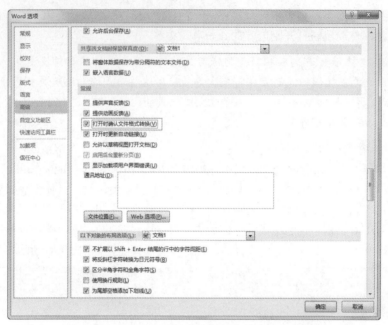

图 10-60　选中"打开时确认文件格式转换"复选框

⑤ 单击"文件"→"打开"命令，在弹出的"打开"对话框中，选择"文件类型"下拉列表中的"从任意文件还原文本"选项，然后找到已经损坏无法打开的 Word 文档，单击"打开"按钮即可，如图 10-61 所示。

图 10-61　选择"从任意文件还原文本"选项

注意： 选择"从任意文件还原文本"选项只能够提取损坏文档中的文本信息，非文本信息将全部丢失。

（3）使用 OfficeFIX 恢复 Word 文档

如果使用 Office 自带的"打开并修复"和专用修复功能无法修复时，可以使用专业的修复软件来修复损坏的 Office 文档。

OfficeFIX 是一个 Microsoft Office 的专业修复工具，它可以修复损坏的 Excel、Word 和 Access 文档。下面以修复 Word 文档为例进行介绍，其他文档的修复与此类似，用户可以参照来理解。

【实验 10-8】 使用 OfficeFIX 恢复 Word 文档

具体操作步骤如下：

即扫即看

（1）下载安装完成后，单击"开始"→"所有程序"→"Cimaware OfficeFIX 6"命令，打开"Cimaware OfficeFIX 6.122"对话框，如图 10-62 所示。其中有 4 个按钮，分别对应着 Access、Word、Excel、Outlook 文档的修复。

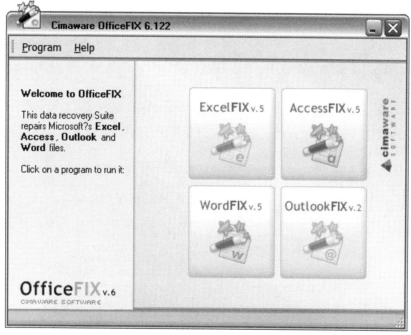

图 10-62　"Cimaware Office FIX 6.122"对话框

（2）单击 WordFIX 按钮，会弹出 WordFIX 5.71 界面（如图 10-63 所示），在该界面中，我们点选左上角的 Recovery 按钮，界面中会出现 Select file、File name、Rewvery mode 等操作项，一般情况下我们单击右下方的 Select file 按钮即可。

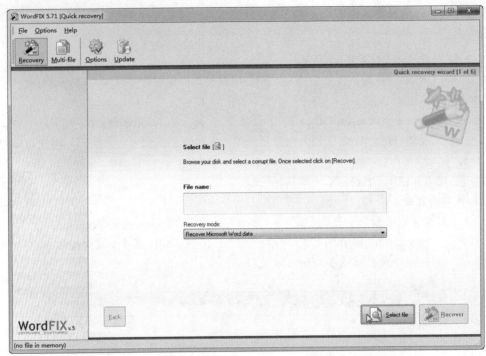

图 10-63　单击 Select file 按钮

（3）在弹出的对话框中，选择要修复的 Word 文档（此处我们选择需要恢复的 Word 文件：第 18 章 局域网优化升级管理），然后单击"打开"按钮，如图 10-64 所示。

图 10-64　单击"打开"按钮

（4）返回"WordFIX 5.71[Quick recovery]"对话框，单击 Recover 按钮，如图 10-65 所示。

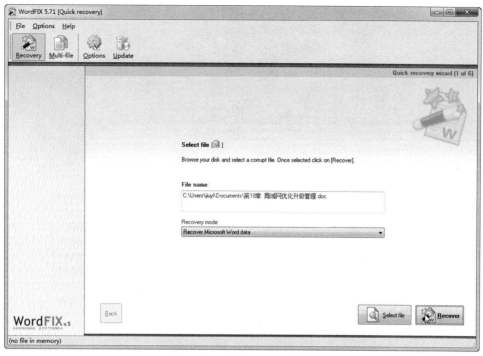

图 10-65　单击 Recover 按钮

（5）单击 Recover 按钮后，在弹出的对话框中单击 OK 按钮，关闭程序开始修复损坏的文档，在修复完成后出现的对话框中，单击 Go to Save 按钮，如图 10-66 所示。

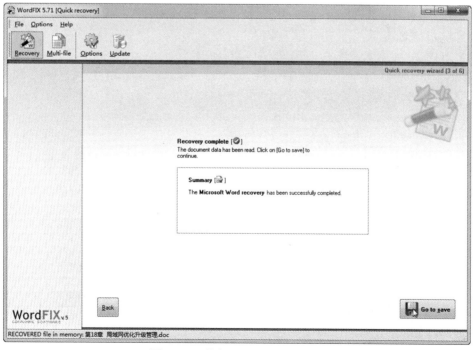

图 10-66　单击 "Go to Save" 按钮

（6）在弹出的对话框中，单击 Save 按钮，将修复后的文档另存，如图 10-67 所示。

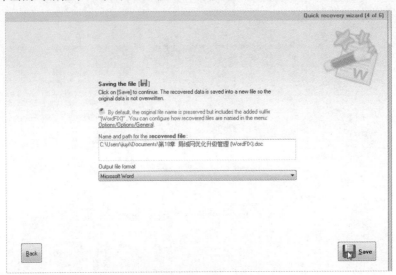

图 10-67　单击 Save 按钮

（7）在弹出的对话框中提示用户文件成功保存，单击右下角的 Open 按钮就可以成功打开以前损坏的 Word 文档。

2. Excel 文件损坏数据恢复

当 Excel 文档损坏且无法手动修复时，用户可以用 Excel Recovery 来打开 Excel 文档并对其进行修复。Excel Recovery 是一款用于查看并修复损坏 Excel 文档的实用工具。

【实验 10-9】使用 Excel Recovery 修复 Excel 文档

具体操作步骤如下：

（1）下载安装完成后，单击"开始"→"所有程序"→ Recovery for Excel → Recovery for Excel 命令，打开"Recovery for Excel"对话框，如图 10-68 所示。

即扫即看

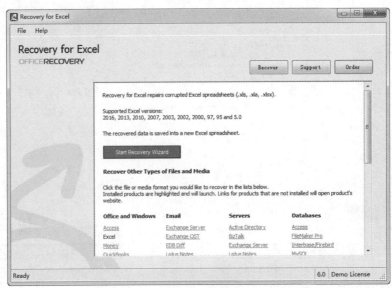

图 10-68　"Recovery for Excel"对话框

（2）单击 Recover 按钮，在弹出的对话框中，选择损坏的 Excel 文档，如图 10-69 所示。单击"打开"按钮。

图 10-69　选择损坏的 Excel 文档

（3）返回"Recovery for Excel"对话框，单击"Next"按钮，如图 10-70 所示。

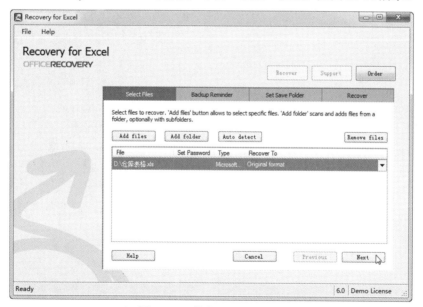

图 10-70　单击"Next"按钮

（4）在弹出的对话框中单击"Next"按钮，在弹出的对话框中单击 Start 按钮，如图 10-71 所示。修复软件将对损坏的 Excel 文档进行修复。

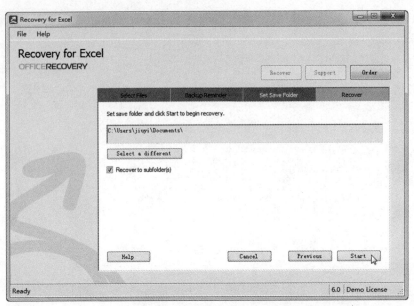

图 10-71　单击"Start"按钮

第 11 章

网络故障排除实践

计算机网络故障是一个令人头痛而又不得不面对的难题。虽然故障现象千奇百怪，故障原因多种多样，但总的来讲分为硬件故障和软件故障两种。

学到的知识最终需要运用到实践中，通过实践来巩固和深化。结合前面介绍的网络管理工具的使用方法，本章精心选择了一些真实的网络故障，通过运用网络管理工具排除这些故障，达到学以致用的目的。

11.1 网络故障排除流程

在开始动手排除网络故障之前，最好先准备一支笔和一个笔记本，将故障现象认真、仔细地记录下来。养成一种良好的工作习惯，在开始着手进行排除故障时做笔记，而不是在事情做完之后才来做。认真而翔实地做笔记有助于一步一步地记录问题、跟踪问题并最终解决问题。而且也为自己或同事以后解决类似问题时提供完整的技术文档和帮助文件。注意：在观察和记录时一定要留意细节。

11.1.1 观察故障现象

网络管理员在进行故障排除之前，必须确切地知道网络上到底出了什么毛病，是不能共享资源，还是不能浏览 Web 页面，或是不能登录 QQ 等。知道出了什么问题并能够及时识别是成功排除故障最重要的步骤。是对一名优秀网络管理员的最基本要求，以便对问题进行快速定位。也就是说，要能及时找到处理问题的出发点。

为了与故障现象进行对比，必须非常清楚网络的正常运行状态。作为网络管理员，如果连操作系统在正常情况下是如何工作的都不知道，那又如何能对问题和故障进行定位呢？

因此，了解网络设备、掌握操作系统和应用程序，是故障排除必不可少的理论和知识准备。在识别故障现象之前，必须明确了解网络系统的正常运行特性。

观察故障现象时，应该询问以下几个问题：

● 当被记录的故障现象发生时，正在运行什么进程？
● 这个进程以前运行过吗？
● 以前这个进程的运行是否成功？
● 这个进程最后一次成功运行是什么时候？
● 故障现象是什么？

11.1.2 收集故障相关信息

当处理由用户报告的问题时，对故障相关信息的收集显得尤为重要。当网络管理员接到用户电话说无法浏览 Web 页面，那么，仅凭这些消息，恐怕任何人都无法给出明确的判断。这时，就要亲自到现场去试着操作一下，运行一下那个程序，并观察出错信息。

注意每一个错误信息，并在用户手册中找到它们，从而得到关于该问题更详细的解释，是解决问题的关键。另外，亲自到故障现场进行操作，也有机会检查用户操作系统或应用程序是否运行正常，各种选项和参数是否被正确地设定。如果在操作时没有任何问题，那就可能是操作者的问题了。不妨让用户再试一次，并认真监督他的每一步操作，以确保所有的操作和选项都被正确地执行和设置。

当然，在亲自操作时，应认真记录所有出错信息，并快速记录所有相关的故障现象，制作详尽的故障笔记。实际上它们究竟表明什么呢？这些故障现象是否相互联系呢？在寻找问题答案的过程中，很有可能又导致更多的故障现象产生。所以在开始排除故障之前，应按以下步骤进行：

- 向受影响的用户或其他关键人员提出问题，收集有关故障现象的信息；
- 收集有助于查找故障原因的详细信息，注意细节；
- 对问题和故障现象进行详细的描述；
- 根据故障描述性质，使用各种工具收集情况，如 Fluke Micro Scanner^2 网络测试仪、Fluke DTX 系列电缆认证分析仪等；
- 测试性能与网络正常情况下的记录进行比较；
- 把所有的问题都记录下来。

11.1.3　经验判断和理论分析

利用前面两个步骤收集数据，并根据自己以往的故障处理经验和所掌握的计算机网络知识，确定一个排错范围。通过对范围的划分，就只需要注意某一故障或与故障情况相关的那一部分产品、介质和主机，从而使复杂的问题简单化。

11.1.4　列举可能导致故障出现的原因

接下来要做的就是列举所有可能导致故障现象出现的原因。在这个阶段不要试图去找出哪一个原因就是问题所在。只要尽量多地记录下自己所能想到的，而且是可能导致问题发生的原因即可。当然，最好能够根据出错的可能性把这些原因按优先级别进行排序。

注意： 千万不要忽略其中的任何一个细节。

11.1.5　实施排错方案

网络管理员必须采用有效的网络管理工具从各种可能导致错误的原因中一一剔除非故障因素。对所有列出的可能导致错误的原因逐一进行测试，而且不要根据一次测试就断定某一区域的网络是运行正常或是不正常。另外，也不要在自己认为已经确定了的第一个错误上停下来，而不再继续进行测试。因为此时既可能是搞错了，也有可能是存在的错误不止一个。所以，应该使用所有可能的方法来测试所有的可能性。同时，最重要的是确定一次只对一个变量进行操作。采用这种方法，可以重现某一故障的解决办法。如果有多个变量同时被改变而故障得以排除，那么如何判断是哪个变量导致了故障的发生？

除了测试之外，还要注意做以下几件非常重要的事情：

- 千万不要忘记去看一看网卡、交换机和路由器面板上的 LED 指示灯。通常情况下，绿灯表示连接正常；红灯表示连接故障；不亮表示无连接或线路不通；长亮表示广播风暴；指示灯有规律地闪烁才是网络正常运行的标志。
- 千万不要忘记去看一看服务器、交换机或路由器的系统日志，因为在这些系统日志中往往记载着产生的错误以及错误发生的全部过程。

当然，在这一步骤中最不能忘记的还是要记录下所有的观察及测试的手段和结果。

11.1.6　隔离和排除故障

网络管理员经过反复测试，此时也弄清楚了到底是哪一部分故障导致问题的发生，并最终确定很可能是计算机出错了。当针对某一原因执行排错方案后，需要对结果进行分析，判断问题是否解决，是否引入了新的问题。如果问题解决，那么就可以直接进入文档化过程；如果没有解决问题，那么就需要再次循环进行到故障排查的过程。

在进行下一循环之前必须做的事情就是将网络恢复到实施上一方案之前的状态。如果保留上一方案对网络的改动，很可能导致出现新的问题。

循环排错可以有两个切入点：

（1）当针对某一可能原因的排错方案没有达到预期目的，循环进入下一可能原因，制定排错方案并实施；

（2）当所有可能原因列表的排错方案均没有达到排错目的，重新进行故障相关信息的收集以分析新的可能原因。

此时，由于对所发生的故障已经有了充分的了解，故障排除也就非常简单了。但是，不要就此匆忙结束工作，因为还有更重要的事情等着你去做。

11.1.7　故障排除过程文档化

排除故障后，还有什么要做的呢？作为网络管理员必须弄清楚故障是如何发生的，是什么原因导致故障的发生，以后如何避免类似故障的发生，拟定相应的对策，采取必要的措施，制定严格的规章制度。

对于一些非常简单明显的故障，上述过程看起来可能会显得有些烦琐。但对于一些复杂的问题，这却是必须要遵循的操作流程。

最后，记录所有的问题，保存所有的记录！主要包括如下内容：

- 故障现象描述及收集的相关信息；
- 网络拓扑图绘制；
- 网络中使用的设备清单和介质清单；
- 网络中使用的协议清单和应用清单；
- 故障发生的可能原因；
- 对每一可能原因制定的方案和实施结果；
- 本次排错的心得体会；
- 其他，如排错中使用的参考资料列表等。

另外，经常回顾曾经处理过的故障也是一个非常好的习惯，这不仅是一种经验的积累，便于以后处理类似故障，而且还会启发思考许多与此相关的问题，从而进一步提高理论和技术水平。网络故障解决和处理流程如图11-1所示。

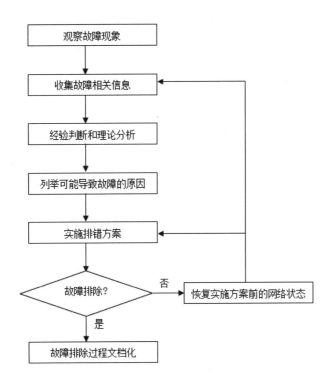

图 11-1　网络故障解决和处理流程

11.2　网络硬件故障诊断与排除

　　作为网络管理员，在外出检修故障时，应当随身携带几件必备的工具，如网络测试仪、压线钳、螺丝刀等，还应带一些辅料，如水晶头、信息模块等。如果配置有笔记本电脑，也应当一并带上，因为许多测试和配置离开笔记本电脑将无法完成。

　　在网络中经常会遇到各种各样的网络硬件故障，本节结合前面讲解的网络管理工具，介绍排除常见的网络硬件故障的方法。

11.2.1　网线导致计算机运行缓慢

　　故障现象：局域网中某用户的计算机最近出现运行速度缓慢的故障，具体表现为每移动一下鼠标，都要等待一段时间后才能在显示器上显示运行轨迹。经过现场检查发现，网卡指示灯闪烁，网卡安装正确，而且能够 Ping 到网络中的其他计算机，也能够进行浏览网页。系统重新安装不久，使用杀毒软件查杀，没有发现病毒。

　　故障分析：能够与其他计算机进行正常通信，说明网卡和网络协议的安装没有问题。没有发现病毒，即运行速度缓慢跟病毒没有关系，操作系统安装的时间并不长，安装的软件也不多，那么运行速度和碎片文件过多或注册表文件太多等也毫无关系。

　　尝试将网线从计算机的网卡中拔出后，发现计算机运行恢复正常。看来问题出在网线上，是网线的干扰太大？还是网线的质量有问题？

故障排除： 使用双绞线测试仪对该段网线进行测试，结果发现该段网线确实在制作时有问题。1-8 线使用的分别是白橙、橙、白绿、绿、白蓝、蓝、白棕、棕。可见，3、6 线使用的是白绿和蓝，不是来自一个绕对，而是来自两个绕对，从而导致网线中的串扰太大。数据包在传输过程中不断被破坏，接收方反复地发送和检验数据，从而导致 CPU 负荷过重，最终导致计算机的系统性能下降而使系统运行速度变慢。

将网线两端的水晶头剪掉，按照局域网中统一采用 T568B 标准重新压制网线，如图 11-2 所示。再次将计算机连接到网络上，一切恢复正常。

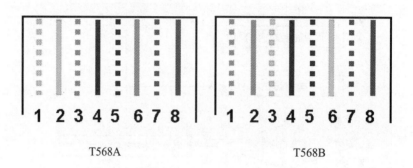

T568A   T568B

图 11-2　T568A 和 T568B 标准

提示： T586A 标准描述的线序从左到右依次为 1- 白绿、2- 绿、3- 白橙、4- 蓝、5- 白蓝、6- 橙、7- 白棕、8- 棕。T586B 标准描述的线序从左到右依次为 1- 白橙、2- 橙、3- 白绿、4- 蓝、5- 白蓝、6- 绿、7- 白棕、8- 棕。

注意： 双绞线之所以要进行绞合，原因就是为了避免串绕的影响。当传输线路中存在有若干个线对，且传输线路比较长时，由于每对线构成的回路面积很大，对之间的串扰和外界干扰都非常严重。双绞线的绞结越紧密，绞距越均匀，其抗干扰能力越强、线对内部的串扰越小，传输数据的性能也就越好。双绞线中的 1、2 和 3、6 共 4 条线，其中，1、2 线用于发送，3、6 线用于接收，而且 1、2 线必须来自一个绕对，3、6 必须来自另一个绕对。只有这样才能最大限度地避免串扰。

11.2.2　网线使用不当导致无法连接

故障现象： 局域网中两台计算机需要直接连接，某用户用网线连接后，这两台计算机都提示"网络没有插好"，使用网络测试仪测试网线是通的，没有问题。

故障分析： 双机直连时应当使用交叉线，而不能使用直通线，否则，计算机将无法与对端连接，系统自然也就提示"网络电缆没有插好"。该故障的原因就是用户没有使用交叉线，而是使用了直通线来进行双机直连。

故障排除： 重新按照一端使用 T568A，另一端使用 T568B 的方式制作一条交叉线，如图 11-3 所示，再次对这两台计算机进行双机下连，故障排除。

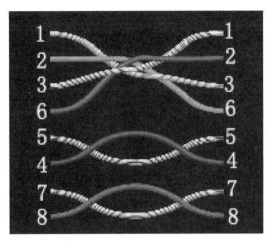

图 11-3　交叉线

所谓交叉线，是指网线两端的线序不同，一端为白橙、橙、白绿、蓝、白蓝、绿、白棕、棕，另一端为白绿、绿、白橙、蓝、白蓝、橙、白棕、棕，即一端使用 T568A，另一端使用 T568B。对于使用网线进行双机直连的用户很容易忽略的问题是连接两台计算机的网线必须是交叉线，而不能使用直通线。这也是双机直连与计算机和交换机连接不同的地方。

注意：直接连接方式就是将两端 RJ-45 水晶头中的线序排列完全相同，称为直通线（Straight Cable）方式，也称为正常双绞线连接方式。该连接方式只适用于网卡到集线器（交换机）。直接连接方式示意如图 11-4 所示。

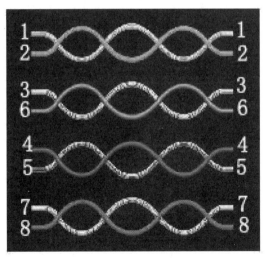

图 11-4　直通线

11.2.3　网线过长导致无法连接

故障现象：局域网中一台计算机使用网线和路由器连接，结果发现该计算机无法连接到网络，使用 Ping 命令测试发现丢包率几乎为 100%，偶尔 Ping 通一次，延时也非常长。

故障分析：怀疑网线有问题，使用 MicroScanne[2] 网络测试仪测试发现网线实际长度为

140m，远远超过了双绞线链路的极限，在综合布线规范中，也明确要求水平布线（从信息插座至楼层配线架）不能超过 90m，链路总长度（从计算机至路由器）不能超过 100m。

故障排除： 如果想要实现超过 100m 的网络传输，可以在中间位置安装一台集线器或交换机，实现网络链路的中继。这样使两端的线路长度都少于 100m，即可实现网络的连通。

11.2.4 LED 指示灯正常网络却不正常

故障现象： 局域网中某用户告知其计算机突然无法连接到局域网，网卡的 LED 指示灯正常。试着 Ping 了一下该用户，测试结果为连接超时，看来网络链路可能发生故障。

故障分析： 来到故障用户计算机处，在"网络连接"窗口中查看局域网连接情况，没有发现异常。查看 IP 地址信息设置，也没有问题。Ping 了一下默认网关，测试结果为连接超时。初步判断网络链路故障。

从网卡上拔下跳线插入 Fluke MicroScanner Pro 网线测试适配器，然后将配线间相应端口的跳线从交换机上拔下网线测试仪，测试"跳线—配线架—水平布线—信息插座—跳线"整个链路的连通性。测试结果为 1、2、4、5、7、8 线通，3、6 线短路，如图 11-5 所示。分别测试两端的跳线时，发现从信息插座到计算机的跳线有问题。仔细观察，发现该网线制作粗糙，压制水晶头时并没有将外层绝缘皮一起压住，该网线又经常插拔（用于连接笔记本电脑），从而导致某些线对断路。由于其他线对处于通路状态，因此，交换机和网卡的 LED 指示灯均无异常表现。

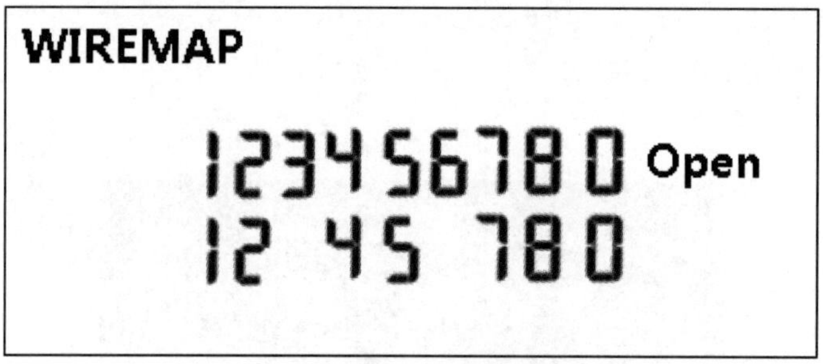

图 11-5 3、6 线断路

故障排除： 将跳线两端水晶头剪掉，重新制作跳线，并用网线测试仪测试无误后，连接信息插座与计算机，网络连接恢复正常。

11.2.5 水晶头松动导致网络不正常

故障现象： 局域网某办公室新增了一台计算机，制作了两根跳线，分别用于连接信息插座与计算机、配线架与交换机。一个星期后，用户来电话告之，不能访问网络。

故障分析： 来到该用户计算机，使用 Ping 工具测试本地网卡，发现能正常 Ping 通，本地网卡工作正常。Ping 交换机或路由器时，发现连接超时，说明该用户的网络物理链路发生故障。使用网络测试仪测试跳线，发现将水晶头插入 RJ-45 接口时，没有听到"咔"声，于是将水晶头卡榫（如图 11-6 所示）往回拔了一下，然后再次插入，测试网线正常。检测另一根跳线，发现存在相同的问题。看来是制作跳线时所使用的水晶头质量有问题，卡榫弹性不够，无法牢固地卡住接插端口。

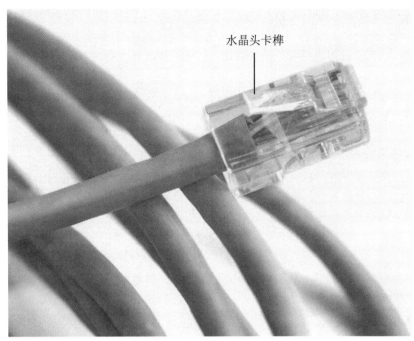

水晶头卡榫

图 11-6　水晶头卡榫

故障排除： 购买质量合格的水晶头，将跳线两端的水晶头剪掉并重新压制，连接并测试通过后，该用户网络通信恢复正常。

注意： 在超五类或六类的双绞线链路中，由于水晶头松动导致的物理链路故障非常常见。在分段测试全部通过但测试整体链路又有问题时，往往就是接插件松动所致。随着塑料件的老化，水晶头卡榫松动非常常见。

11.2.6　信息模块接触不良导致网络不正常

故障现象： 局域网中某用户打来电话，说是无法访问企业网络，查看该用户所连接的端口时，发现处于未连接状态。

故障分析： 网络管理员检查网络连接状态，发现网卡图标处显示红色"×"。同时，系统提示"网络电缆没有插好"，看来是该用户的物理连接发生故障。使用 Fluke MircoScanner Pro 测试整体链接时发现 3 线不通，如图 11-7 所示。

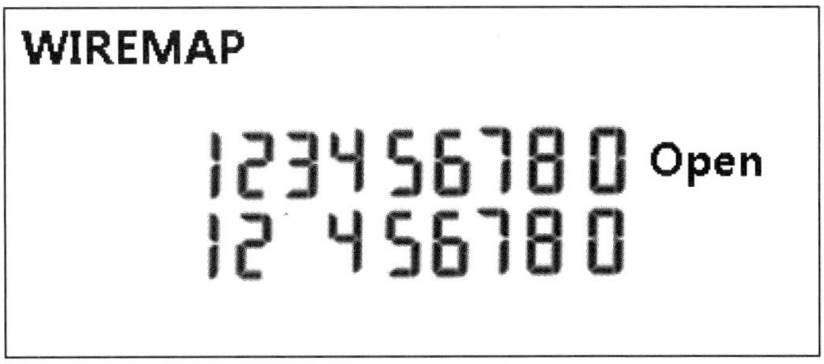

```
WIREMAP

1 2 3 4 5 6 7 8 0  Open
1 2   4 5 6 7 8 0
```

图 11-7　3 线不通

分别测试两端的跳线，没有问题。在测试水平布线时却无法通过。检查信息模块时发现，白绿色线接触不良。

故障排除：使用打线刀将白绿色线重新打入信息模块，再次测试双绞线整体链路，测试结果为连通性完好。

双绞线与信息模块和配线架的结合都是采用打线的方式实现彼此之间的连接。当打线力度不够，或者模块、配线架金属刚度不足时，往往会使导线脱出，从而导致网络链路出现故障。

11.2.7　开绞太多导致测试失败

故障现象：某局域网使用六类非屏蔽双绞线布线，验收测试时，用 Fluke DTX 测试发现连通性全部通过，但有少量信息点的串扰和回波损耗两项指标未能通过。

故障分析：既然有大量信息点已经通过测试，说明布线材料应当没有什么问题，而且未通过的信息点的连通性也没有问题，只是电气性能没有达标。因此，怀疑是这些信息点在施工时没有按照技术规范实施。

将故障信息点的面板拆下，发现双绞线外层护套剥开的较长，双绞线开绞的距离也过长，这无疑将影响水平布线的电气性能。

故障排除：将双绞线从信息模块上拔下，剪掉一段网线后重新打制模块，尽量减少双绞线剥开的部分和开绞的长度，以充分保证其电气性能。重新测试时，连通性和电气性能全部通过。

打制信息模块和配线架时，应当最大限度地减少双绞线的剥开部分，尤其不能将绕在一起的线对拆开，否则将严重影响六类布线系统的电气性能。

11.2.8　跳线质量差导致文件备份慢

故障现象：局域网中某用户反映备份大文件时速度非常慢。但是，其他应用，如在线视频、网络下载等都没有问题。

故障分析：文件备份服务只涉及文件服务器。既然只是访问文件服务器时有问题，初步判断是文件服务器或者与文件服务器的连接出现故障，其他连接和外网没有问题。于是，用视频服务器临时替换文件服务器进行测试，结果传输速度依然很慢。

使用 Fluke DTX 测试链路，显示 2m 处回波损耗太高。检查跳线发现是制作跳线两端所使用的水晶头不一样。

故障排除：重新为文件服务器更换跳线后，故障得以排除。由于跳线质量是使用维护过程中最容易忽视的环节，因此，建议对所有跳线先用 Fluke DTX 检测合格后再使用，或者作为备用跳线保存。

11.2.9　网线短路导致网络不正常

故障现象：某办公室重新装修后，发现计算机上不了网。网络管理员携带笔记本电脑前去测试发现自己的笔记本电脑也无法连接，即使换上新的跳线后，仍然无法上网。

故障分析：到机房更换配线架上的跳线后，问题仍然无法解决。使用简易网线测试仪测试了一下，发现 8 个灯都不亮，说明电缆芯断了，如图 11-8 所示。于是，使用 Fluke MicroScanner[2] 网络测试仪进行测试，提示这根电缆总共 76m，在距离点 40m 的地方发生了短路，如图 11-9 所示。原来装修施工时，钉钉子时不小心将墙体内的线缆钉到了。

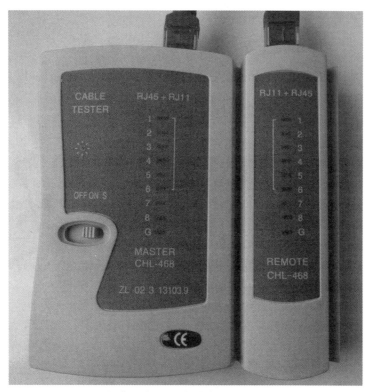

图 11-8　简易网线测试仪测试短路

故障排除： 重新更换双绞线后，故障排除。室内装修是造成线缆短路和断路的原因之一。其他常见的原因还包括建筑物漏雨、打线时多余线段没有清理干净、扩容和调整用户线路、使用了错误的跳线等。一般的简易网络测试仪是安装和打线的最常用的测试工具，但是只能显示电缆芯线开路，却不能显示短路的物理位置以及短路故障。Fluke MicroScanner[2] 网络测试仪能测试开路、短路的物理位置，为确定故障位置提供方便，节省时间。

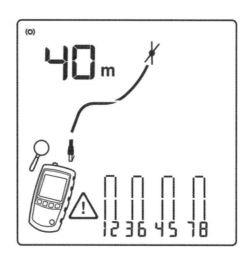

图 11-9　短路位置

11.2.10 端口太脏导致连接不正常

故障现象：办公室的一台计算机连不上网，将网线从计算机上拔下来再重新插上，仍然不通。在这台计算机上运行 Ping 命令，也不能 Ping 通其他计算机，倒是能 Ping 通本地计算机的 IP 地址。计算机使用人员说以前也断过线，但不知什么时候又自动好了。怀疑是网线有问题，于是使用网线测试仪测试网线，发现网线连通性正常。

故障分析：怀疑问题出在交换机上，于是将网线连接到交换机上，竟然发现指示灯正常，故障机又可以正常上网了。看来是网线水晶头与交换机端口接触不良，重新压制水晶头，再重新插好就没事了。

本来问题就此解决了，可没过几天，该用户又反映不能上网了。以为问题和上次一样，重新拔插一下水晶头就没事了。奇怪的是，这次问题竟然没有解决。仔细观察交换机端口，无意中发现里面有很多灰尘。原来交换机只是放在办公室的角落里，没有任何防尘措施，又不注意经常清洁，因此沾染上许多尘土，导致交换机端口太脏，影响了接插件之间的连通性。

故障排除：断开交换机电源，用棉签和酒精小心地将交换机的各个端口擦拭干净，重新连接网线，全部可以正常上网了，故障得以排除。

因为交换机端口太脏而导致不能正常通信的情况很常见。尤其是在一些小型网络中，由于没有专用机柜，交换机只是露天摆放在室内，又没有人经常维护，导致端口中沉积了很多污物。同时，有些用户在不能正常上网时，都喜欢插拔水晶头来解决，这样往往容易导致端口损坏。

注意：由于端口灰尘太多而导致的连通性故障，在光纤网络中发生的概率更大。如果光纤链路测试正常，光纤连接工作也正常，只是网络连通性有问题时，只需用高纯度酒精擦拭一下光纤端口和接插件即可。

11.2.11 线路干扰导致丢包

故障现象：局域网中某员工反映其上网速度极慢，打开一个网页往往要等待很长时间，导致工作效率很低，无法及时完成工作。

故障分析：网络管理员来到该用户旁边，使用 Ping 工具测试后发现，丢包率达到四分之一，不过延迟还可以，只有 1ms。随着进一步的观察发现，用其他计算机 Ping 同一台服务器时并没有出现大量丢包的现象。因此初步断定，这条线路很有可能受到了强干扰的影响。

该用户的双绞线布置在天花板上，经过多方查看，发现在网线旁边有一个日光灯的镇流器有问题。当取下天花板上的网线后，网络速度恢复正常。

故障排除：修好日光灯后，并将网线布置在远离镇流器的位置，问题得以解决。

注意：网线特别是非屏蔽网线应远离各种电器干扰源布置，否则容易受到各种电器的干扰，从而影响到网络的稳定性。

11.2.12 网线短路导致连接中断

故障现象：局域网中所有的计算机，通过两台交换机进行连接，并且以共享方式接入Internet。但是最近发现一台交换机所连接的计算机不能上网，而另一台交换机所连接的计算机没有问题。将不能上网的交换机关闭电源，然后再重新打开，计算机又可以正常上网了，但没过多久又不能正常上网了。

故障分析：在不能正常上网的计算机上运行 Ping 命令，发现有大量的丢包现象。由于另一台计算机所连接的交换机没有问题，而且为有故障的交换机断电后再加电暂时能正常连接，所以故障应该发生在交换机上。

观察故障交换机，发现所有指示灯均显示正常，无法判断到底是哪儿出现了问题，而且所使用的交换机均是非管理式交换机，不具有网管功能，也无法登录交换机查看。于是，使用 CommView 工具记录所有的流量，经查看发现某交换机的一个端口有大量的包，看来故障有可能发生在该端口上。

将连接该端口的网线拔下来，从表面看，该端口没有任何异样。使用网线测试仪测试该双绞线跳线，发现该跳线有两根线短路，原来是由于这条跳线短路引起的交换机阻塞，从而导致该交换机连接的计算机不能正常连接。短路的原因可能是压制网线时没有做好，也可能是网线受到挤压而导致。

故障排除：重新制作一根跳线，并用网络测试仪测试，确定无误后连接交换机与计算机，计算机可以正常上网了，长时间运行后也没有发现连接不上的情况，故障排除。

交换机大多采用存储转发技术，其工作原理是对某一段数据包进行分析判别寻址，并进行转发，在发出前均存储在交换机的缓冲区内。当网线发生短路时，该交换机将接收到大量的不符合分装原则的包，造成交换机处理器工作繁忙，导致数据包来不及转发，从而导致缓冲区溢出，产生丢包现象。

11.2.13　由于线路不达标而导致计算机无法获得 IP 地址

故障现象：因业务发展，对网络进行升级。将原来 100Mbit/s 端口的交换机全部更换为 10/100/1000Mbit/s 自适应的交换机，其他设备保持不变。网络升级后，用户反映网络访问比以前快多了。但是却有一台计算机发生了故障，无法登录网络。在故障计算机上运行 Ping 命令，Ping 网关不通，使用 Ipconfig/all 命令查看计算机的 IP 地址信息，显示本地计算机的 IP 地址为 169.254.1.1。

故障分析：由于本地计算机的 IP 地址显示为 169.254.1.1，说明该计算机没有连接上网络内的 DHCP 服务器，没有获得所分配的 IP 地址。但其他计算机都可以正常上网，说明 DHCP 服务器和网关都没有问题，可能是该计算机出了问题。

依次检查该计算机的设置，发现均正常；检测该计算机的网线，连通性正常，将网线连接在其他已知能正常上网的计算机上，也可以正常上网，排除了是网线的问题。因为该计算机的网卡是新买的，因此也不可能是网卡的问题。

将本地网卡设置为 100Mbit/s 全双工模式，发现该计算机就可以上网了，而将其改为 1000Mbit/s 和 10/100/1000Mbit/s 后，再次发生故障，由此可见，是网络传输性能造成的。

故障排除：因为该公司的网络在建设之初采用的是 100Mbit/s 标准。因此，通常情况下，计算机均可以正常连接网络。该计算机不能使用 1000Mbit/s 的速率连接网络，很有可能是网络连接故障，即该线路的标准未达到 1000Mbit/s 的通信要求。为该计算机更换双绞线后，便可正常访问网络，故障排除。

11.2.14　光缆链路连接超时

故障现象：局域网采用光缆接入方式连接 Internet，并由局方（一般指运营商）免费提供一台光电收发器。一年以来，光缆链路的工作始终非常稳定，Internet 连接也一直正常。某天，

Internet 连接突然变得非常缓慢，甚至无法打开网页，QQ 聊天也经常断线，但访问内部网络的各种网络服务却一切正常。

故障分析： 既然内部访问一切正常，只能是 Internet 连接有问题，那么自然应当将网络故障定位在 Internet 连接部分。使用 Ping 命令测试网关时，发现丢包率高达 75%。显然，是 Internet 链路发生了故障。鉴于光纤链路非常稳定，那么导致丢包率突然上升的原因只有两个，一个是 Internet 服务商的接入设备发生故障，另一个是光电收发器有问题。

故障排除： 找来另外一个好的光电收发器，更换后，Internet 连接恢复正常。出现故障后经过分析，如果硬件故障可能性比较大时，尽可能找来新的设备用置换法进行检查。

11.2.15　光电收发器 Link 灯不亮

故障现象： 网络中心使用光电收发器与一个用户较少的建筑群实现连接，某天该建筑群用户打来电话，反映其计算机不能连接至核心网络，查看光电收发器时，发现 Link 灯不亮。

故障分析： 由于该光电收发器一直使用正常，且最近没有维护记录，因此可能的原因是光纤线路断路或光纤线路损耗过大。使用 Fluke DTX 测试仪测试光缆链路连通性时未能通过，调查得知，某办公楼正在施工，挖土机挖断了埋在地下的光缆。

故障排除： 使用光纤融接机将光纤重新融好，故障排除。网络管理员应当密切注意单位的基建施工，既要保护现有的光缆线路，同时也要为新建筑的网络布线出谋划策。

11.2.16　交换机端口 LED 指示灯熄灭

故障现象： 某单位某办公室最近购买了一台计算机，但将计算机连接到局域网后，却发现无法在网络中查看其他计算机，使用 Ping 命令也无法 Ping 通其他计算机，只能看到并 Ping 通本地计算机。检查该计算机的 IP 信息配置，发现很正常。当检查与该计算机连接的交换机端口时，发现 LED 指示灯熄灭。

故障分析： 交换机端口的 LED 指示灯熄灭，说明该计算机无法与交换机正常通信。导致该故障的原因可能是网线连通性故障或者链路接触不良，或者交换机端口出现故障。

所有交换机的光纤端口和 RJ-45 端口中，每个端口都有一个 LED 指示灯，其作用主要是为了指示灯该端口是否处于工作状态，也就是连接到该端口的计算机，或者其他网络设备是否处于工作状态、连通性是否完好等。当连接该端口的设备关机或链路发生故障时，该 LED 指示灯就会熄灭。

故障排除： 由于交换机 LED 指示灯熄灭，判断应该是网络链路的连通性发生故障。更换一条连通性正常的网线，重新连接该端口与计算机，如果该端口的 LED 指示灯点亮，则说明是网线故障；如果 LED 灯没有点亮，则可能是网卡或交换机端口损坏，那就需要找交换机的生产厂家进行维修。

11.2.17　网卡灯亮却不能上网

故障现象： 局域网中一台计算机不能上网，经检查发现，网络连接没有问题，网卡灯亮。网卡驱动正常，系统显示网卡运行正常，网卡与任何设备都没有冲突，网络协议正确，Ping 通本机 IP 地址。

故障分析： 从描述的情况来看，网卡和协议安装正常，故障原因可能出现在网线上。网卡灯亮并不能表明网络连接没有线路问题，有时即使其中某条线断后网卡的灯也亮，但网络却是不通的。

　　因此，可以使用简易网线测试仪检查故障计算机的网线，如果网线正常，则试一下能否 Ping
通其他计算机。如果不能 Ping 通，先换一下交换机端口再试，仍然不通，则更换一块网卡。

　　故障排除： 使用简易网线测试仪测试网线发现 4、5、6 线断路，如图 11-10 所示。如果仅仅是
4、5 线断路，并不会影响网络的连通性，但是 6 线断开后，网络通信就会失败。剪掉水晶头重新
压制并测试通过后，网络传输恢复正常，故障排除。

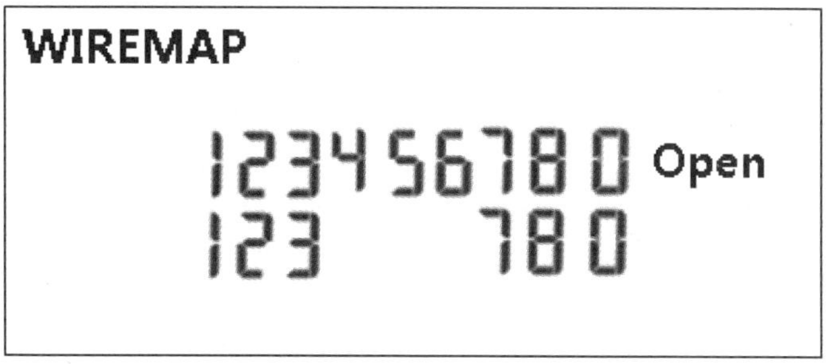

图 11-10　4、5、6 线断路

11.2.18　同一网段内的计算机无法通信

　　故障现象： 局域网中所有的计算机都无法接入 Internet，使用 Ping 命令检查几台计算机，发
现不仅无法接入局域网和 Internet，甚至彼此之间都无法 Ping 通，也无法通过查找的方式找到对方。

　　故障分析： 数量如此众多的计算机网卡不可能同时损坏，初步判断故障可能出现在交换机、
级联端口和交换机端口上。

　　于是，首先使用简易网线测试仪检测网线，测试结果显示连通性没有问题。将级联电缆插到
交换机上的另一个端口，后来又插到另一台交换机上，故障仍然没有得到解决。检查交换机的
LED 指示灯，凡是插有网线的端口，指示灯都亮。

　　用另一个备用的交换机替换发生网络故障的交换机，在刚刚连接完成后网络恢复了正常。但
过几分钟后，计算机又无法访问 Internet 了，它们之间的通信也断了，故障再次出现。

　　看来问题并非出在交换机上。那就是在网络中存在广播风暴，由网卡损坏而引起的广播风暴。

　　故障排除： 关掉交换机的电源，使用 Ping 127.0.0.1 命令，对局域网中所有计算机逐一进行
测试。当发现有网卡故障的计算机后，将其所连接的网线拔掉，再次打开交换机的电源，网络终
于恢复正常了。接下来的事情当然就是为该计算机更换一块新的网卡。

11.2.19　网卡端口禁用导致网络连接失败

　　故障现象： 局域网中某用户反映自己的计算机突然不能上网了，网络管理员使用 Ping 命令，
远程 Ping 了一下该用户的 IP 地址，连接超时。Ping 了一下连接至该交换机上的其他用户，连
接正常。

　　故障分析： 初步断定故障就发生在该计算机的连接上。来到用户处，使用 Ping 命令 Ping 了
一下默认网关，系统提示传输失败，表明物理连接或逻辑连接有问题，如图 11-11 所示。然后查
看了一下机箱背后的网卡 LED 指示灯，发现 LED 指示灯不亮，断定是网络物理连接故障。

图 11-11　传输失败

但是，在交换机上却看到该计算机所连接端口的 LED 指示灯亮。使用网络测试仪测试该链路时，链路的连通性没有问题。又在交换机上换了一个连接端口，重新测试故障依旧。

最后决定查看网卡的工作状态，在该计算机中打开"设备管理器"窗口，发现网卡处于禁用状态，如图 11-12 所示。

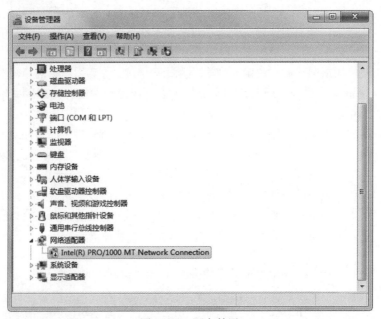

图 11-12　网卡禁用

故障排除：在"设备管理器"窗口中右击被禁用的网卡，在弹出的快捷菜单中选择"启用"命令，重新启用该网卡，然后再用 Ping 默认网站，测试成功，网络连接恢复正常。

11.2.20　经常提示"网络电缆没有插好"

故障现象：局域网中一台计算机不能上网，经常出现这样的提示"网络电缆没有插好"，然后网卡图标上出现一个红色的"×"，可几秒后又提示连接好了。

　　故障分析：从描述的情况来看，导致该故障的原因有以下几个方面：

　　（1）网线老化或网线质量不好。

　　（2）RJ-45 接头松动，与网卡或集线设备（交换机或集线器）的连接不稳定。

　　（3）网卡或集线设备故障。

　　故障排除：首先用替换法检测网卡和集线设备，发现网卡和集线设备工作正常；然后检查 RJ-45 接头也正常，最后使用简易网线测试仪检查故障计算机的网线，发现网线中的 6 线时不时出现断路现象。因此，确定该故障是由网线造成的。通过观察，发现该网线一处已经被老鼠咬破皮，用线中的部分金属线已经断裂，仅有一二根金属完好。

　　重新布线并做好防护措施后，测试连通性通过后，重新连接计算机和交换机，故障排除。

11.2.21　无法登录无线路由器

　　故障现象：局域网中采用无线路由器实现 Internet 连接共享，其中一台计算机采用网线与无线路由器连接，但是发现无法登录到无线路由器。使用 Ping 命令测试无线路由器的 IP 地址，系统提示超时。

　　故障分析：在登录无线路由器时，要查看产品说明书。如果登录无线路由器时需要使用特殊的端口号，那么应当在 Web 浏览器中输入 http:// 无线路由器 IP 地址 : 端口号。

　　另外，检查计算机的 IP 地址信息，必须使配置计算机与无线路由器的 IP 地址在同一 IP 地址段。如果两者不在同一 IP 地址段，应当修改计算机的 IP 地址。

　　故障排除：通过以下步骤进行排查：

　　（1）通过查看无线路由器背面的信息，确认输入的无线路由器 IP 地址无误。

　　（2）使用简易网络测试仪测试网线，发现网线连通性正常。

　　（3）使用 Ping 127.0.0.1 命令，测试本地计算机的网卡，发现网卡正常。

　　（4）使用 Ipconfig/all 命令，测试本地计算机网卡信息，发现本地计算机的网卡 IP 地址与无线路由器 IP 地址不在同一 IP 地址段。打开"网络连接"窗口，将本地计算机网卡的 IP 地址设置为自动获取。重新登录无线路由器，发现故障排除。

11.2.22　可以连接到无线网络，不能访问 Internet

　　故障现象：局域网中某台笔记本电脑可以访问到无线网络，但是不能访问 Internet。打开"网络和共享中心"窗口，显示 Internet 连接为红色"×"，提示"正在识别…"

　　故障分析：既然系统提示"正在识别"，可能是没有获得正确的 IP 地址，从而导致无法访问 Internet。使用 Ipconfig/all 命令，查看该计算机的 IP 地址为 169.255.x.x 段，确认没有获得正确的 IP 地址信息。导致该故障的原因可能是：

　　（1）无线路由器没有启用 DHCP 自动分配 IP 功能，计算机不能获得 IP 地址信息，从而不能接入 Internet。

　　（2）无线路由器的 WAN 口连接故障，从而失去了 Internet 连接。

　　故障排除：建议采用以下方式解决该故障：

　　（1）检查无线路由器的 DHCP 功能，确认该功能已经被启用。

　　（2）检查无线路由器与光猫的连接，确认无线路由器 WAN 口与光猫的 LAN 口 LED 指示灯正常。

（3）检查光猫的光信号是否正常，无线路由器与 ISP 的连接是否正常。

通过上述方法逐一排查，发现光猫的光信号正常，无线路由器与光猫的连接也正常，但是无线路由器的 DHCP 服务被禁用了，重新启用无线路由器的 DHCP 服务后，故障排除。

11.3　网络软件故障诊断与排除

相对网络硬件故障而言，网络软件故障更加复杂，本节结合前面讲解的网络管理工具，介绍排除常见的网络软件故障的方法。

11.3.1　网络访问频繁中断

故障现象： 最近新购买了一批计算机，接入局域网后，发现交换机 LED 指示灯连续闪烁不停，所有计算机都无法连接到网络。必须重新启动计算机，才能再次连接上局域网，可是过一会儿就又断开了。开始怀疑是操作系统有问题，但重装系统后，虽然断线频率低多了，可是问题依然存在，还是要将几台新计算机进行重启才行。

故障分析： 从描述的情况来看，导致故障的原因有两个，即计算机网卡损坏和感染病毒。

当网卡发生故障时，会发送大量的广播包，而网络内的所有计算机都会接收并转发该广播包，从而导致网络瘫痪。使用 Ping 工具，Ping 127.0.0.1，检测有故障的计算机时，并没有发现什么异常。因此可以排除是网卡损坏所造成的。那问题肯定就是由于系统感染病毒导致的。

故障排除： 当局域网内的某台计算机感染蠕虫病毒后，病毒就会在局域网中迅速蔓延，从而严重影响计算机的运行速度和网络的传输效率，并最终导致网络瘫痪。在所有计算机中进行如下操作，即可排除故障：

（1）在所有的计算机中安装并运行电脑管家，单击"工具箱"按钮，在弹出的列表框中选择"修复漏洞"选项，如图 11-13 所示。

图 11-13　选择"修复漏洞"选项

（2）电脑管家将自动扫描系统漏洞，扫描完成后，在弹出的如图 11-14 所示的窗口中选择需要修复的漏洞，然后单击"一键修复"按钮即可。

图 11-14　单击"一键修复"按钮

（3）在所有的计算机中都安装 360 杀毒软件，然后运行 360 杀毒软件，打开"360 杀毒软件"窗口，单击"检查更新"超链接，如图 11-15 所示。

图 11-15　单击"检查更新"超链接

（4）在弹出的"360 杀毒 - 升级"对话框中提示用户正在升级，并显示升级的进度，如图 11-16 所示。

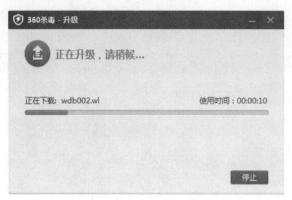

图 11-16　显示升级进度

（5）升级完成后，弹出"360 杀毒 - 升级"对话框，提示用户升级成功完成，并显示程序的版本信息，如图 11-17 所示。

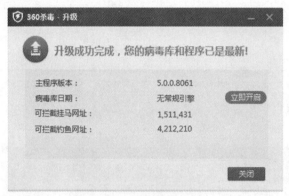

图 11-17　升级病毒库完成

（6）单击病毒库日期右侧的"立即开启"按钮，开始升级常规引擎，如图 11-18 所示。

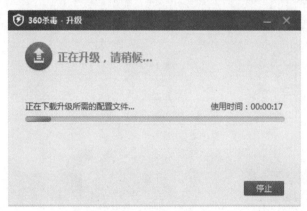

图 11-18　升级常规引擎

（7）升级常规引擎完成后，单击"关闭"按钮。断开所有计算机的网络后，在"360 杀毒"窗口单击"全盘扫描"按钮，如图 11-19 所示。

图 11-19　单击"全盘扫描"按钮

（8）扫描完成后，会在正同的空格中显示扫描出来的木马病毒（或安全威胁对象），并列出危险程序和相关描述信息，单击"立即处理"按钮，如图 11-20 所示。

图 11-20　单击"立即处理"按钮

提示：360 杀毒为用户提供了三种查杀病毒的方式，即快速扫描、全盘扫描和自定义扫描。

（9）单击"立即处理"按钮后，即可删除扫描出来的木马病毒或安全威胁对象，然后单击"确认"按钮，如图 11-21 所示。

图 11-21　单击"确认"按钮

（10）在"360 杀毒"窗口中，显示了被 360 杀毒处理的项目，单击"隔离区"超链接，如图 11-22 所示。

图 11-22　单击"隔离区"超链接

（11）在弹出的"360 恢复区"对话框中，显示了被 360 杀毒处理的项目，选中"全选"复选框，单击"清空恢复区"按钮，如图 11-23 所示。

图 11-23　单击"清空恢复区"按钮

（12）在弹出的"360 恢复区"对话框中，提示用户是否确定要一键清空恢复区的所有隔离项，单击"确定"按钮，即可开始清除恢复区的所有隔离项，如图 11-24 所示。

图 11-24　单击"确定"按钮

（13）在"360 杀毒"窗口中，单击"宏病毒扫描"超链接，对宏病毒进行查杀，如图 11-25 所示。

图 11-25　单击"宏病毒扫描"超链接

（14）在弹出的"360 杀毒"对话框中，提示用户扫描前需要关闭已经打开的 Office 文档，单击"确定"按钮，如图 11-26 所示。

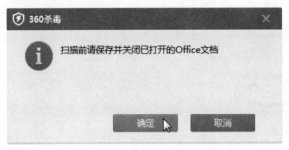

图 11-26　单击"确定"按钮

（15）360 杀毒将扫描电脑中的宏病毒，扫描完成后，即可对扫描出来的宏病毒进行处理，这与全盘扫描的操作类似，这里不再详细介绍。

11.3.2　无法 Ping 通其他网段内的计算机

故障现象：局域网中有一台计算机以前网络连接一切正常，但是重新安装系统后，出现可以 Ping 本网段内（10.1.1.0）的其他计算机，但是无法 Ping 通其他网段（如 10.1.0.0）的计算机。

故障分析：从故障现象上看，可能是子网掩码的设置有问题。子网掩码用于区分网络号与主机号，只有网络号相同的计算机才被视为同一网段，才能实现彼此之间的通信。

10.x.x.x 是一个保留的 A 类地址，默认的子网掩码为 255.0.0.0。若想要实现 IP 地址为 10.x.x.x 的计算机之间的通信，必须使用默认的子网掩码；若想要实现 10.1.x.x 计算机之间的通信，子网掩码则应当修改为 255.255.0.0。当将子网掩码设置为 255.255.255.0 时，将只能实现 10.1.1.x 计算机之间的通信。

故障排除：使用 Ipconfig/all 命令测试其他网段的某台计算机，发现其子网掩码为 255.255.255.0，而本机网卡的子网掩码为 255.255.0.0。

将所有网段的计算机的子网掩码设置为 255.255.0.0，重新 Ping 其他网段内的计算机，发现故障排除。

11.3.3　系统通知区域出现未识别的网络提示

故障现象：局域网中某台计算机不能上网，系统通知区域弹出"未识别的网络 - 无 Internet 访问"提示信息，如图 11-27 所示。

图 11-27　未识别的网络

故障分析：如果是局域网链路问题，导致计算机未能正确连接到交换机，那么，将提示"本地连接网络电缆被拔出"。既然提示"未识别的网络 - 无 Internet 访问"，表明计算机已经正确连接至局域网，只是不能接入 Internet。

因此，导致该故障的原因，既可能是 Internet 链路故障，也可能是 TCP/IP 协议故障，IP 地址信息设置错误，或者 DHCP 服务器故障，导致不能实现对 Internet 的访问。

故障排除：如果是 Internet 链路故障，或者 DHCP 服务器故障，那么，不止一台计算机受到影响，而将涉及网络中的所有计算机。因此，如果只是一台计算机出现 Internet 访问故障，原因很可能是 IP 地址信息（包括 IP 地址、子网掩码、默认网关和 DNS 服务）设置错误。进行下面的操作排除故障：

（1）打开"网络连接"窗口，选择"本地连接"图标，单击鼠标右键，在弹出的快捷菜单中选择"属性"命令，如图 11-28 所示。

图 11-28　选择"属性"命令

（2）在弹出的"本地连接 2 属性"对话框中，选择 Internet 协议版本 4（TCP/IPv4）选项，然后单击"属性"按钮，如图 11-29 所示。

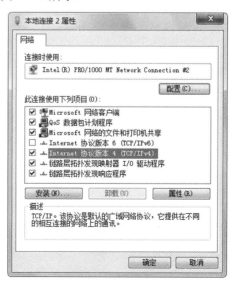

图 11-29　单击"属性"按钮

（3）在弹出的"Internet 协议版本 4（TCP/IPv4）属性"对话框中选中"自动获得 IP 地址"和"自动获得 DNS 服务器地址"单选按钮，设置完成后，单击"确定"按钮，如图 11-30 所示。

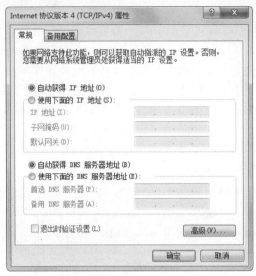

图 11-30　单击"确定"按钮

11.3.4　网络打印机无法使用

故障现象： 局域网中某用户反映不能正常使用网络打印机打印资料，而其他用户能正常使用打印。由于某种原因，网络管理员无法亲自到故障用户处排除故障。

故障分析： 局域网中其他用户可以正常使用网络打印机，可以排除网络打印机的原因。那么故障的原因很可能是该用户的系统出现问题，导致网络打印机无法正常使用。由于无法亲自到故障用户处排除故障，网络管理员可以借助远程控制工具来处理。

故障排除： 网络管理员可以使用远程控制工具来排除故障，具体操作如下：

（1）在故障用户的计算机中安装并运行 Team Viewer，弹出如图 11-31 所示的"Team Viewer"窗口，显示了本机的 ID 和密码。

图 11-31　运行 Team Viewer

（2）在网络管理员的计算机中安装并运行 Team Viewer，弹出"Team Viewer"窗口，显示了本机的 ID 和密码。在"Team Viewer"窗口的"伙伴 ID"文本框中输入故障用户计算机的 ID，如图 11-32 所示，然后单击"连接"按钮。

图 11-32　输入故障用户计算机的 ID

（3）在弹出的"Team Viewer 验证"对话框中，输入故障用户计算机的密码，如 d78v1r，然后单击"登录"按钮，如图 11-33 所示。

图 11-33　单击"登录"按钮

（4）确定登录密码无误后，弹出如图 11-34 所示的窗口，显示远程故障用户的计算机的桌面，网络管理员可以控制远程故障用户的计算机。

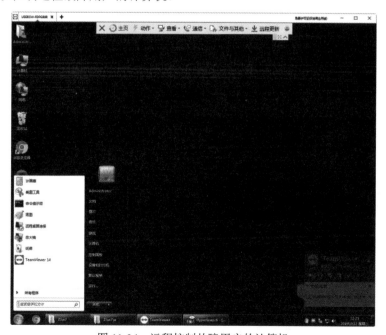

图 11-34　远程控制故障用户的计算机

（5）通过检查故障用户的操作系统，发现其网络打印机的驱动程序损坏了。由于在安装系统后对所有的驱动程序都进行了备份，因此，只需要将驱动程序还原一下就可以了。

（6）在故障用户的计算机中运行驱动人生，在"驱动人生"窗口中单击"驱动管理"按钮，打开"驱动管理"窗口，选中"驱动还原"单选按钮，选择要还原的驱动程序，然后单击"开始还原"按钮，如图 11-35 所示。

图 11-35　单击"开始还原"按钮

（7）还原驱动程序完成后，在弹出的"驱动人生"对话框中单击"立即重启"按钮，如图 11-36 所示，重新启动计算机即可。

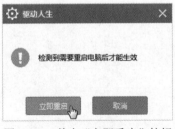

图 11-36　单击"立即重启"按钮

提示：建议用户在安装好操作系统后，及时备份驱动程序。同时，注意平时对磁盘数据进行必要的备份，以备不时之需。

11.3.5　经常弹出广告窗口

故障现象：局域网中某用户的计算机最近经常弹出烦人的广告窗口，使用杀毒软件查杀后，故障仍然存在。

故障分析：从描述的情况来看，使用杀毒软件查杀后，故障仍然存在，说明故障计算机中除病毒外，还有木马程序和流氓软件。某些免费软件默认设置是会弹出广告窗口，因此，需要使用清除木马和流氓软件来处理。

故障排除： 用户可以通过以下步骤来排除故障，具体操作如下：

（1）在故障用户的操作系统中运行木马清除大师，在"木马清除大师"窗口中单击"全面扫描"按钮，如图 11-37 所示。

图 11-37　单击"全面扫描"按钮

（2）在弹出的扫描选项窗口中选择需要扫描的选项，然后单击"开始扫描"按钮，如图 11-38 所示。

图 11-38　单击"开始扫描"按钮

（3）扫描完成后，在弹出的如图 11-39 所示的对话框中单击"下一步"按钮。

图 11-39　单击"下一步"按钮

（4）在弹出的如图 11-40 所示的对话框中显示扫描结果，如果有木马病毒，则选择该木马病毒，单击"删除"按钮即可。

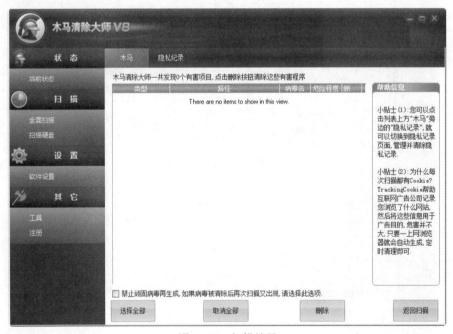

图 11-40　扫描结果

（5）扫描完成后，关闭"木马清除大师"窗口，然后运行 Windows 软件清理大师，单击"清理系统"按钮，如图 11-41 所示。

图 11-41　单击"清理系统"按钮

（6）在右侧的窗格中选择"清理系统"选项卡，然后选中所有的选项，单击"下一步"按钮，如图 11-42 所示。

图 11-42　单击"下一步"按钮

（7）Windows 软件清理大师将自动搜索系统中的垃圾软件和流氓软件，扫描完成后，选中需要清除的选项，然后单击"清除"按钮，如图 11-43 所示。

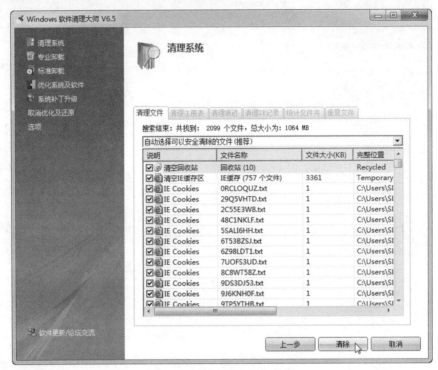

图 11-43　单击"清除"按钮

（8）清除完成后，在弹出的如图 11-44 所示的对话框中单击"确定"按钮即可。

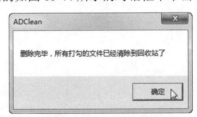

图 11-44　单击"确定"按钮

11.3.6　私自修改 IP 地址导致冲突而无法上网

故障现象：局域网中某用户私自修改 IP 地址，导致网络中其他计算机经常弹出"系统检测到 IP 地址与网络上的其他系统有冲突"，无法上网。现在想禁止用户私自更改 IP 地址，避免出现类似的现象。

故障分析：在 TCP/IP 网络中，IP 地址代表着计算机的身份，用于表明某台计算机。因此，在同一网络中，IP 地址应当是唯一的。当两个或两个以上的计算机使用同一 IP 地址时，就会发生 IP 地址冲突，其他计算机将无法判断应当将数据发送给哪一台计算机，从而导致网络连接中断。

故障排除：网络管理员要想禁止用户私自更改 IP 地址，只要将其 IP 地址和网卡的 MAC 地址进行绑定即可，具体操作如下：

（1）在故障用户的计算机中打开"运行"对话框，输入 cmd 命令，单击"确定"按钮。

（2）在弹出的"命令行提示符"窗口中输入 Ipconfig -release 命令，按回车键，系统就会将原 IP 地址释放，如图 11-45 所示。

图 11-45　清除原有的 IP 地址

（3）在"命令行提示符"窗口中，输入 arp 192.168.1.100 30-9C-23-A6-4B-07 命令，按回车键，即可将 192.168.1.100 与网卡绑定。

（4）在"命令行提示符"窗口中，输入 arp –a 命令，按回车键，可以看到绑定的 IP 地址与网卡物理地址信息，如图 11-46 所示。

图 11-46　绑定 IP 和 MAC 地址

注意：如果想要取消 IP 地址与 MAC 地址的绑定，可以使用"arp –d IP 地址"命令解除该 IP 地址的绑定。另外，在 Windows Server 2008 R2/2012/2016 域环境中，还可以使用组策略限制用户修改 IP 地址，并启用 DHCP 动态分配 IP 地址。

11.3.7　未授权 MAC 地址而导致无法接入公司无线网络

故障现象： 局域网中采用无线路由器来共享 Internet 连接，最近添加了一台笔记本电脑，按照其他同事的无线网络配置进行设置，包括 Wi-Fi 名称和密码等。虽然无线信号显示为满格，但是仍然无法接入无线网络。

故障分析： 从描述的情况来看，无线信号为满格，Wi-Fi 名称和密码输入正确，说明无线客户端设置没有问题。初步判断是网络管理员在无线路由器中启用了允许接入限制或者 MAC 地址过滤功能，只允许指定 MAC 地址的计算机接入无线网络，从而拒绝未授权用户，以保障无线网络安全。

故障排除： 建议用户与网络管理员联系，并将笔记本电脑的无线 MAC 地址添加到允许连接列表中，具体操作如下：

（1）在新笔记本电脑中打开"运行"对话框（单击右下角的"开始"选项卡即可选取），输入 cmd 命令，单击"确定"按钮。

（2）在弹出的"命令行提示符"窗口中，输入 Ipconfig/all 命令，按回车键，查看笔记本电脑无线网卡 MAC 地址，如图 11-47 所示。

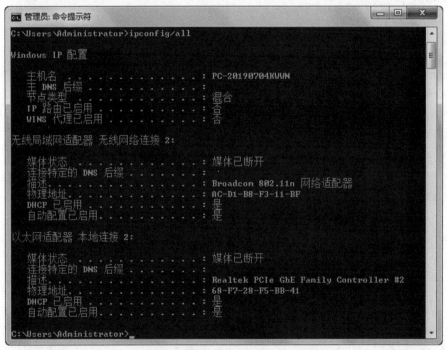

图 11-47　查看笔记本电脑无线网卡 MAC 地址

在图 11-47 中可以看到，该笔记本的主机名为 PC-20190704KWWN，物理地址为 AC-D1-B8-F3-11-BF，请做好复制备份。

（3）在可以上网的计算机中打开浏览器，在地址栏中输入无线路由器的 IP 地址，输入登录账号和密码，进入无线路由器管理界面，如图 11-48 所示。

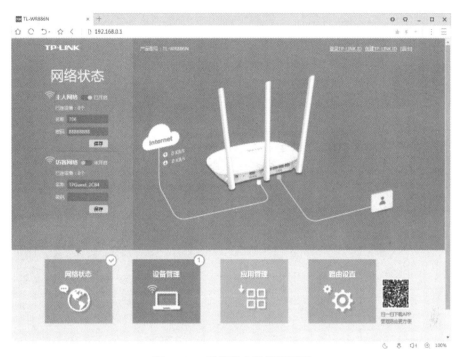

图 11-48　无线路由器管理界面

（4）单击"应用管理"按钮，打开"应用管理"界面，在右侧窗口中单击"无线设备接入控制"选项下的"进入"超链接，如图 11-49 所示。

图 11-49　单击"进入"超链接

（5）在弹出的"无线设备接入控制设置"页面中，单击"允许接入设备列表"区域中的"输入 MAC 地址添加"超链接，如图 11-50 所示。

图 11-50　单击"输入 MAC 地址添加"超链接

（6）分别在"主机"和"MAC 地址"文本框中输入笔记本电脑名称和无线网卡 MAC 地址，然后单击"保存"按钮，如图 11-51 所示。

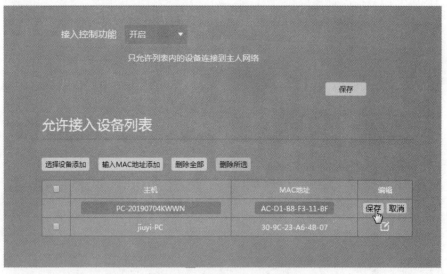

图 11-51　单击"保存"按钮

（7）保存后退出无线路由器管理界面，在笔记本电脑端重新连接无线网络，发现已经正常连接，并可以正常上网，故障排除。

注意：不同品牌的无线路由器其设置也是不同的。另外，相同品牌不同型号的无线路由器的设置界面也不一样，如图 11-52 所示。在"无线网络 MAC 地址过滤设置"列表框中，单击"添加新条目"按钮，在弹出的如图 11-53 所示的列表框中输入 MAC 地址及描述，设置"生效"状态，最后单击"保存"按钮即可。

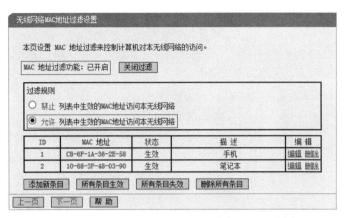

图 11-52　"无线网络 MAC 地址过滤设置"列表框

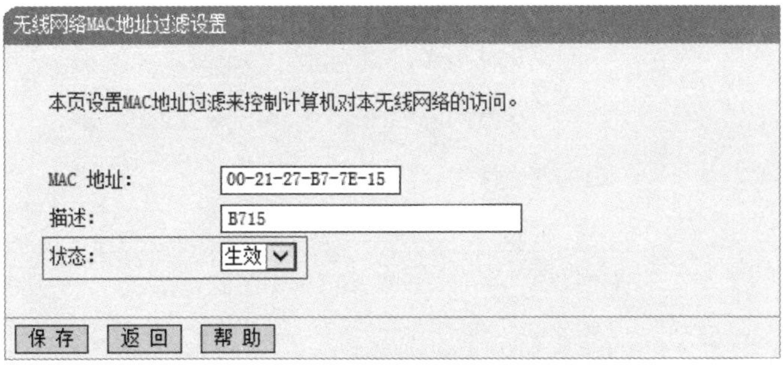

图 11-53　输入 MAC 地址及描述

11.3.8　无线网络未连接但连接可用

故障现象：无线路由器重新设置后，局域网某台笔记本电脑突然无法连接到无线网络，单击任务栏中的网络连接，系统提示为"未连接"，但连接可用，如图 11-54 所示。

故障分析：从描述的情况来看是因为修改过无线网络密码，但是没有修改 Wi-Fi 名称，与该计算机上所保存的无线网络密码不同，从而导致无法连接无线网络。因此，需要删除原有的计算机的无线网络配置。

故障排除：删除原有的无线网络配置，具体操作如下：

图 11-54　提示连接可用

（1）在 Windows 7 中打开"网络和共享中心"窗口，单击"管理无线网络"超链接，如图 11-55 所示。

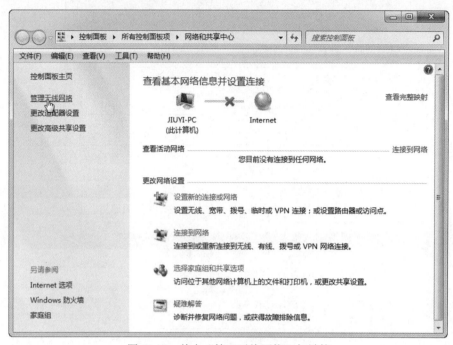

图 11-55　单击"管理无线网络"超链接

（2）在弹出的"管理无线网络"窗口中，选择想要删除的无线网络配置，单击"删除"按钮，如图 11-56 所示。

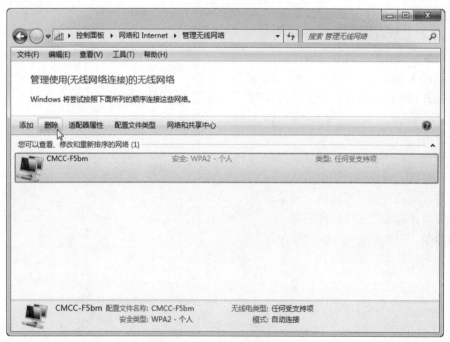

图 11-56　单击"删除"按钮

（3）删除原有的无线网络配置后，重新连接无线网络即可。

（4）如果笔记本电脑安装的是 Windows 10 操作系统，则单击桌面右下角无线信号的网络图标，在弹出的列表框中选择"网络设置"超链接，如图 11-57 所示。

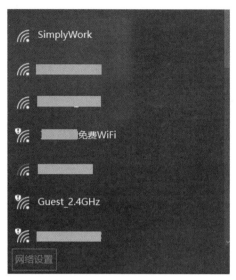

图 11-57　单击"网络设置"超链接

（5）在弹出的"设置"窗口中，选择"WLAN"选项，单击"管理 Wi-Fi 设置"超链接，如图 11-58 所示。

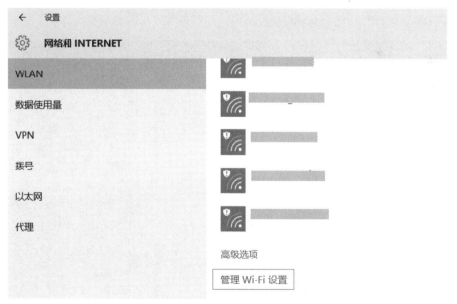

图 11-58　单击"管理 Wi-Fi 设置"超链接

（6）在弹出的"管理已知网络"对话框中，选择前面保存的无线网络，单击"忘记"按钮，如图 11-59 所示。删除原有的无线网络配置后，重新连接无线网络即可。

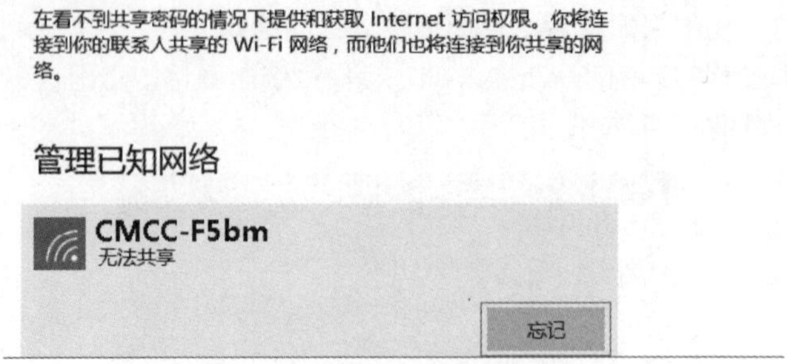

在看不到共享密码的情况下提供和获取 Internet 访问权限。你将连接到你的联系人共享的 Wi-Fi 网络，而他们也将连接到你共享的网络。

管理已知网络

CMCC-F5bm
无法共享

忘记

图 11-59　单击"忘记"按钮

11.3.9　硬盘磁道故障而导致磁盘数据丢失

故障现象：局域网中某用户反映其磁盘数据最近出现莫名其妙的打不开，甚至出现丢失找不到的现象，使用杀毒软件查杀后，故障仍然存在。

故障分析：磁盘数据打不开和丢失的原因有很多，如文件损坏、硬盘出现物理损坏、中了病毒等。使用杀毒软件查杀后，故障仍然存在，可以排除病毒的原因。由于该用户的计算机购买得比较久了，怀疑是硬盘出现物理性损坏，使用磁盘检测工具测试硬盘发现硬盘的 0 磁道出现故障。因此，排除该故障，只需要更换一块新的硬盘即可。

故障排除：在更换新硬盘之前，建议用户将原硬盘的数据备份到新硬盘中。使用 Ghost 工具进行对拷，可以将原有硬盘的所有数据，包括操作系统原封不动复制到指定硬盘，保证用户的数据完整，具体操作如下：

（1）将新硬盘安装在故障用户的计算机中，使用带有 Ghost 程序的 U 盘引导并启动 Ghost程序，运行 Ghost 程序，如图 11-60 所示。

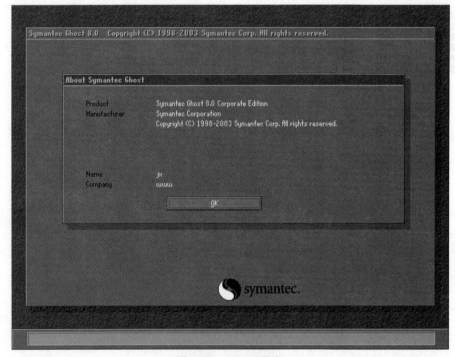

图 11-60　Ghost 程序

（2）单击 OK 按钮，进入 Ghost 程序主窗口，如图 11-61 所示。

（3）单击 Local → Disk → To Disk 命令，将原硬盘数据备份到新硬盘中，如图 11-62 所示。

图 11-61　Ghost 程序主窗口

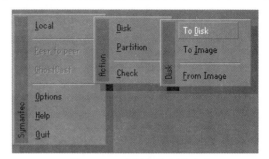

图 11-62　选择备份硬盘命令

提示：Disk 子菜单中有三个选项，其中 To Disk 选项表示硬盘对硬盘完全复制，To Image 选项表示将硬盘内容备份成镜像文件，而 From Image 选项则表示从镜像文件恢复到原来硬盘。

（4）弹出如图 11-63 所示的对话框，选择源数据硬盘，在这里选择硬盘 1。

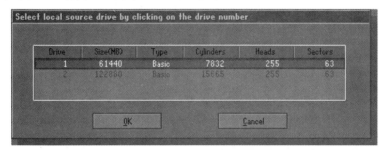

图 11-63　选择源数据硬盘

（5）单击 OK 按钮，弹出如图 11-64 所示的对话框，选择目标数据硬盘。

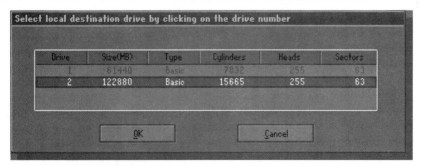

图 11-64　设置备份文件的路径及名称

（6）单击 OK 按钮，弹出如图 11-65 所示的对话框，用户可以调整目标数据硬盘的分区存储空间大小。默认情况下，Ghost 工具会自动分成和原配硬盘一样多的分区，同时还会自动分配存储空间。

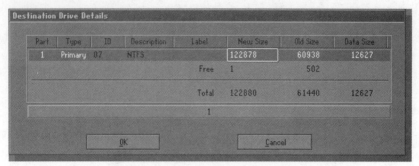

图 11-65　调整目标数据硬盘分区大小

提示：在进行硬盘对拷操作时，即使目标数据硬盘和源数据硬盘的容量不一致也可以实现对拷。不过在这种情况下，源数据硬盘的容量必须小于目标数据硬盘，这样才能保证源数据硬盘中的数据不会丢失。

（7）单击 OK 按钮，弹出提示对话框，提示用户将覆盖目标数据硬盘。

（8）单击 Yes 按钮，Ghost 程序将开始备份硬盘数据，并显示备份进度，如图 11-66 所示。

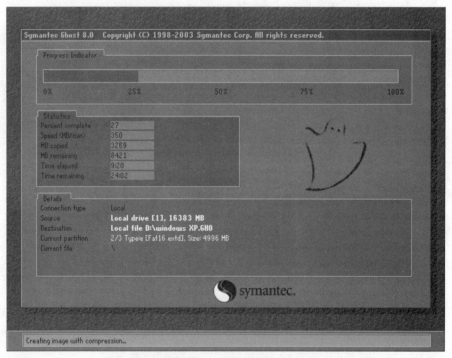

图 11-66　备份进度显示

（9）备份完成后，在弹出的提示用户完成硬盘数据备份的对话框中单击 Continue 按钮，返回 Ghost 程序主窗口，单击 Quit 按钮退出 Ghost 程序即可。

（10）关闭计算机，将原有的硬盘拆下来，在 BIOS 中设置硬盘优先启动，启动后即可进入用户熟悉的操作系统，桌面工具和文档资料一个都没有落下。